Faserforschung und Textiltechnik

Begründet von

Erich Correns und Walter Frenzel

Herausgegeben von

Wolfgang Bobeth · Hermann Klare

Burkart Philipp · Christian Ruscher

Schriftleiter

J. Brämer und I. Ruscher

Akademie-Verlag
Berlin

Faserforsch. u. Textiltechnik / Z. Polymerforsch.
25. Jahrg. · Heft 2 · Seiten 49—94 · Berlin, im Februar 1974
FSTXA7 25 (2) 49—94 (1974)
Preis: 15,— M · Sonderpreis DDR: 9,— M

J. I. RYSHIKOW

Lagerhaltung

Übersetzung aus dem Russischen

In deutscher Sprache herausgegeben von M. Bliefernich

1973. X, 322 Seiten — 33 Abbildungen — 21 Tabellen und 5 Wertetabellen im Anhang

gr. 8° — Leinen 42,— M

Bestell-Nr. 761 5790 (5927)

Die Qualität der Lagerhaltung im Versorgungssystem kann durch die Gesamtkosten für die Lagerung des Bestandes, durch die Organisation seiner Ergänzung und seiner Auflösung, deren Folgen eine mögliche Nichtversorgung der Verbraucher sind, beurteilt werden. Das Buch ist den mathematischen Methoden zur Ermittlung optimaler Varianten der Lagerhaltung gewidmet, die ein Minimum der Gesamtkosten ergeben.
Die ersten drei Kapitel sind vorbereitender Natur. In ihnen wird die Problemstellung der Lagerhaltung formuliert, es werden die grundlegenden Elemente der Modelle erörtert und die möglichen Varianten der Aufgabe klassifiziert. Weiterhin werden hier Empfehlungen bezüglich der Wahl der Modelle angeführt, die am besten für praktische Situationen geeignet sind und es werden ökonomische Faktoren angegeben, die bei der Berechnung der notwendigen Wertkennziffern berücksichtigt werden müssen. Das 3. Kapitel enthält eine Übersicht der Methoden zur Ermittlung von statistischen Kennziffern über den Bedarf und seine Prognostizierung.
Die mathematischen Methoden der Lagerhaltung werden in den Kapiteln 4—8 dargelegt. Im 4. Kapitel werden die Resultate der klassischen Lagerhaltungstheorie systematisiert.
Das 5. Kapitel ist der Untersuchung der Aufgaben mit zufälliger Verzögerung der Lieferung mit den Methoden der Bedienungstheorie gewidmet. Im 6., 7., und 8. Kapitel werden neue Algorithmen der für die praktische Lösung interessantesten Aufgaben dargestellt: Aufgaben der Lagerhaltung mit mehreren Warenarten in Systemen von Lagern (Neuverteilung auf die Lager), der Lagerung von Produkten, die im Laufe der Zeit abnehmen, der Planung der Lager bei unbekannten Parametern der Bedarfsverteilung.
Die Darlegungen bewegen sich auf einem Niveau, das Ingenieuren und Ökonomen mit guter mathematischer Vorbildung zugänglich ist.

Bestellungen durch eine Buchhandlung erbeten

A K A D E M I E - V E R L A G

DDR - 108 Berlin, Leipziger Str. 3—4

Faserforschung und Textiltechnik

Zeitschrift für Polymerforschung

Die Zeitschrift „Faserforschung und Textiltechnik/Z. f. Polymerforschung“ erscheint monatlich in Heften zu 48 Textseiten im Format A 4. Der Preis für das Einzelheft beträgt M 15,– (Sonderpreis für DDR M 9,–), für den Vierteljahrbezug M 45,– (Sonderpreis für DDR M 27,–), zuzügl. Bestellgeld. Die Berechnung erfolgt zu Beginn eines Vierteljahrs für 3 Hefte. Falls keine Bezugsmöglichkeit durch eine Buchhandlung vorhanden ist, wenden Sie sich bitte in der Deutschen Demokratischen Republik an ein Postamt oder den Verlag, in den sozialistischen Ländern an den jeweiligen Postzeitungsvertrieb, in der Deutschen Bundesrepublik an die Auslieferungsstelle Kunst und Wissen, Erich Bieber, 7 Stuttgart 1, Wilhelmstraße 4–6, in allen übrigen Ländern an den internationalen Buch- und Zeitschriftenhandel oder den Buchexport, Volkseigener Außenhandelsbetrieb der Deutschen Demokratischen Republik, DDR-701 Leipzig, Postschließfach 276, oder den Akademie-Verlag, DDR-108 Berlin, Leipziger Str. 3–4 (Fernruf: 220441; Telex-Nr. 0112020; Postscheckkonto 35021). Bestellnummer dieses Heftes: 1014/25/2. Alleinige Anzeigenannahme DEWAG-WERBUNG, DDR-1054 Berlin, Wilhelm-Pieck-Str. 49, und alle DEWAG-Betriebe in den Bezirksstädten der DDR.

Herausgeber und verantwortlich für den Inhalt: Prof. Dr.-Ing. habil. Wolfgang Bobeth, Institut für Technologie der Fasern der Akademie der Wissenschaften der DDR, 801 Dresden, Hohe Str. 6, Fernruf: 44721; Prof. Dr. Hermann Klare, Prof. Dr. habil. Burkart Philipp und Dr. habil. Christian Ruscher, Institut für Polymerenchemie der Akademie der Wissenschaften der DDR, 153 Teltow-Seehof, Fernruf: Teltow 4831. Schriftleiter: Joachim Brämer und Dipl.-Chem. Ingeborg Ruscher, 153 Teltow-Seehof, Kantstr. 55. Verlag: Akademie-Verlag, DDR-108 Berlin, Leipziger Str. 3–4. Satz und Druck: VEB Druckhaus „Maxim Gorki“, 74 Altenburg. – Veröffentlicht unter der Lizenznummer 1280 des Presseamtes beim Vorsitzenden des Ministerrates der Deutschen Demokratischen Republik. – Printed in the German Democratic Republic.

Band 25 • Februar 1974 • Heft 2

DK 678.544.4.-416:678-9:541.6:539.22:541.571.9

Petropavlovskij, G. A., Vasil'eva, G. G., und *Černova, Z. D.*

Eigenschaften von partiell substituierten und vernetzten Celluloseacetatfolien

Faserforsch. u. Textiltechnik/Z. Polymerforsch. **25** (1974) 2, S. 49—54. 10 Abb., 2 Tab., 7 Lit.

Die partielle Substitution der Hydroxylwasserstoffatome der Cellulose durch Essigsäurereste bei der Acetylierung unterbricht die stereochemische Regelmäßigkeit der Cellulosemakromoleküle. Infolgedessen unterscheiden sich Charakter und Energie der zwischenmolekularen Bindungen in solchen Produkten von denen in Cellulose und den Triestern. Deshalb muß das Verhältnis von hydrophilen und hydrophoben funktionellen Gruppen (—OH und —OCOCH$_3$) in partiell substituiertem Celluloseacetat in bedeutendem Maße die Reaktionsfähigkeit dieser Ester, darunter auch bei Vernetzung, aber auch die Eigenschaften der dabei erhaltenen Folien beeinflussen.

DK 661.728.84:661.728.22/.23:539.2

Abou-State, M. Amine, und *Helmy, Samia A.*

Chemiezellstoff aus ägyptischer Bagasse. IV. Einfluß der Sulfidität auf den Viskosezellstoff

Faserforsch. u. Textiltechnik/Z. Polymerforsch. **25** (1974) 2, S. 54—56. 2 Tab., 9 Lit.

Aus der Bagasse wurde Viskosezellstoff nach dem Vorhydrolyse-Sulfatverfahren hergestellt. Der Einfluß der Sulfidität der Kochlauge auf die chemischen, physikalischen und submikroskopischen Eigenschaften des Zellstoffs wurde untersucht. Es zeigte sich, daß die besten Resultate bezüglich Aufschlußgrad, Bleichbarkeit, Accessibilität und Reaktionsfähigkeit erhalten werden, wenn man mit einer Sulfidität von 20% arbeitet. Weiterhin wurde gefunden, daß der optimale Veredlungsgrad während des Bleichprozesses erreicht wird, wenn man mit 16% NaOH arbeitet.

DK 677.21:546.171.1-142.2:677.862.212:678.544.4

Koura, Adel, und *Ibrahum, Atef*

Acetylierung der Cellulose

I. Acetylierung von mit Ammoniaklösungen behandelter Baumwolle

Faserforsch. u. Textiltechnik/Z. Polymerforsch. **25** (1974) 2, S. 57—60. 2 Abb., 1 Tab., 10 Lit.

Die mit Ammoniaklösung behandelte Baumwolle läßt sich vollständig mit ähnlicher Acetylierungsgeschwindigkeit wie die Baumwollproben acetylieren, die mit bekannten Quellmitteln, wie 18%ige Natronlauge, flüssigem Ammoniak oder Methylamin behandelt wurden. Die nach dem Auswaschen der Aktivierungsmittel und Trocknen verhornte Cellulose kann durch Wasserbehandlung reaktiviert werden. Die reaktivierten Proben haben fast gleiche Acetylierungsgeschwindigkeit wie die nie getrockneten, mit Quellmittel behandelten Proben.

DK 677.31:547.313.2.024.3:677.862.25:677.014.87:677.017.84:677.019.36

Mâlcomete, Otilia, Derminot, Jaqueline, und *Simionescu, Cristofor*

Die Pfropfung von Wollfasern mit Vinylmonomeren bei gleichzeitiger Einwirkung von elektrischen Entladungen und UV-Strahlen

Faserforsch. u. Textiltechnik/Z. Polymerforsch. **25** (1974) 2, S. 60—65. 4 Abb., 3 Tab., 9 Lit.

Die Untersuchungen betreffen die Veränderungen der Wollfasern in bezug auf Massezunahme, aminosaure Bestandteile und übermolekulare Struktur bei gleichzeitiger Einwirkung von elektrischen Entladungen und UV-Strahlen.

DK 677.31:547.313.2.024.3:677.862.25:677.842.35:36.095.834:542.92

Mâlcomete, Otilia, Derminot, Jaqueline, und *Simionescu, Cristofor*

Die Pfropfung von Wollfasern mit Vinylmonomeren mittels Diazosalzen

Faserforsch. u. Textiltechnik/Z. Polymerforsch. **25** (1974) 2, S. 66—71. 3 Abb., 3 Tab., 3 Lit.

Die Pfropfung der Wollfasern durch Färben mit Reaktivfarbstoffen, anschließende Reduzierung und Diazotierung wurde mit der durch unmittelbare Diazotierung der Wolle verglichen. Dabei zeigte sich, daß das Pfropfungsverfahren mit unmittelbarer Diazotierung der Wolle eine Reihe von Behandlungen vermeidet, die Wollfasern abbauen.

DK 677.4.061.4(047):677.06:677.017.4:676.1.03

Perepelkin, K. E., Muchin, B. A., und *Smirnov, V. S.*

Chemiefaserstoffe für spezielle Zwecke, ihre Eigenschaften und Anwendung

Faserforsch. u. Textiltechnik/Z. Polymerforsch. **25** (1974) 2, S. 72—86. 7 Tab., 200 Lit.

Chemiefaserstoffe für spezielle Zwecke sind ihrem Produktionsumfang nach meist nicht mit den Chemiefaserstoffen für textile Massenbedarfsgüter zu vergleichen. Die vorliegende Übersicht bezweckt, einen Überblick über die Herstellungsverfahren, die Eigenschaften und Anwendungsgebiete derartiger spezieller Chemiefaserstoffe zu geben, wobei in die Betrachtung alle Klassen von synthetischen Faserstoffen (anorganische wie organische) einbezogen werden. Die Einsatzgebiete erstrecken sich von der Technik über spezielle textile Anwendungen, synthetisches Papier, Plastverstärker, Isoliermaterialien u. a. bis zur Medizin.

Kurze Mitteilungen

DK 678.674'524'420:547.422.2:543.544.45

Glamann, Hartwig, und *Woitzik, Jürgen*

Bestimmung des Diäthylenglykolgehaltes in Polyäthylenterephthalat

Faserforsch. u. Textiltechnik/Z. Polymerforsch. **25** (1974) 2, S. 86. 4 Lit.

Faserforschung und Textiltechnik 25 (1974) Heft 2
Zeitschrift für Polymerforschung

Eigenschaften von partiell substituierten und vernetzten Celluloseacetatfolien

G. A. Petropavlovskij, G. G. Vasil'eva und Z. D. Černova

Institut für hochmolekulare Verbindungen der AdW der UdSSR in Leningrad

DK 678.544.4–416:678–9:541.6:539.22:541.571.9

Die partielle Substitution der Hydroxylwasserstoffatome der Cellulose durch Essigsäurereste bei der Acetylierung unterbricht die stereochemische Regelmäßigkeit der Cellulosemakromoleküle. Infolgedessen unterscheiden sich Charakter und Energie der zwischenmolekularen Bindungen in solchen Produkten von denen in Cellulose und den Triestern. Deshalb muß das Verhältnis von hydrophilen und hydrophoben funktionellen Gruppen ($-OH$ und $-OCOCH_3$) in partiell substituiertem Celluloseacetat in bedeutendem Maße die Reaktionsfähigkeit dieser Ester, darunter auch bei Vernetzung, aber auch die Eigenschaften der dabei erhaltenen Folien beeinflussen.

Свойства пленок частично замещенных и сшитых ацетатов целлюлозы

Частичное замещение гидроксильных водородных атомов целлюлозы остатками уксусной кислоты при ацетилировании нарушает стереохимическую регулярность макромолекул целлюлозы. В результате этого характер и энергия межмолекулярных связей в таких продуктах отличаются от таковых в целлюлозе и триэфирах. Поэтому соотношение гидрофильных и гидрофобных функций ($-OH$ и $-OCOCH_3$) в частично замещенном ацетате целлюлозы должно в значительной мере влиять на реакционную способость этого эфира, в том числе и при сшивании, а также на свойства полученных при этом пленок.

Properties of Partially Substituted and Crosslinked Cellulose Acetate Films

Partial substitution of hydrogen in the hydroxyl groups of cellulose by acetic acid residues in the acetylation reaction interrupts the stereoregularity of the cellulose chain. The kind and energy of the intermolecular bonds differs from that in cellulose and their triesters. The ratio of hydrophilic and hydrophobe functional groups ($-OH$ and $-OCOCH_3$) in partially substituted cellulose acetate affects essentially the reactivity of these esters, especially in crosslinking reactions, as well as the properties of the films obtained.

Experimenteller Teil

1. Die Herstellung der acetonlöslichen Celluloseacetate erfolgte durch Verseifung des heterogenen Triacetats (CTA) nach der in [1] beschriebenen, von uns etwas veränderten Methodik. Hierfür wurde zu einer Lösung von CTA in Eisessig unter intensivem Rühren vorsichtig Salzsäure gegeben. Die Verseifung erfolgte bei Raumtemperatur im Verlaufe von 24 bis 72 h. Die Reaktion verlief von Anfang bis Ende unter homogenen Bedingungen. Nach einer bestimmten Zeit wurde das Celluloseacetat mit Wasser gefällt, gewaschen und an der Luft getrocknet. Der Substitutionsgrad wurde wie in [2] und die rel. Molekülmasse nach [3] bestimmt.

2. Die vernetzten Folien aus acetonlöslichem Celluloseacetat wurden auf folgendem Wege hergestellt: Die eingewogenen Mengen Celluloseacetat und Dimethyloläthylenharnstoff (DMÄH) wurden getrennt in Aceton bzw. in Eisessig gelöst. Die Lösungen wurden vereinigt und sorgfältig vermischt. Die resultierende Lösung enthielt 3,9 Masse% Celluloseacetat, 0,19% DMÄH und 4,8% Essigsäure. Die Folien wurden auf einer Glasunterlage hergestellt, dann bei einer Temperatur von 120 °C erhitzt und anschließend zur Entfernung von unumgesetztem DMÄH mit siedendem Wasser extrahiert. Vorher wurde festgestellt, daß chemisch nicht mit Cellulose gebundener DMÄH bei 10 min Kochen in Wasser und dreimaligem Wechsel des Lösungsmittels vollständig aus den Folien entfernt wurde.

3. Die Löslichkeit der vernetzten Folien in Aceton wurde über die Masseabnahme nach 24 h Lagerung der Folien in Aceton bei Raumtemperatur bestimmt, während die Quellung in Aceton aus der Massezunahme der Folie nach 2 h Benetzung mit diesem Lösungsmittel erhalten wurde. Die unvernetzten Folien wurden auf genau demselben Wege wie die vernetzten hergestellt, jedoch ohne Zusatz des Vernetzungsmittels.

4. Die IR-Spektren der 3 bis 7 µm dünnen Celluloseacetatfolien wurden mit dem Infrarotspektrophotometer UR-20 bei der Spaltweite —4, 160 cm^{-1}/min Registriergeschwindigkeit und 4 s von 0 bis 100% Registrierzeit aufgezeichnet.

5. Die Deuterierung der Folien erfolgte in einer speziellen Apparatur, die aus dem Trocknungssystem und einer Küvette mit der Probe besteht.

Mit Hilfe einer Wasserstrahlpumpe wurde Luft durch ein Rotameter, das eine konstante Luftzufuhrgeschwindigkeit gewährleistet, durch das Trocknungssystem, eine Flasche mit flüssigem D_2O, und die Küvette mit der Probe gesaugt. Das Spektrophotometer arbeitete bei konstanter, dem Absorptionsmaximum im Gebiet der Valenzschwingungen der Hydroxylgruppen entsprechender Wellenlänge (3490 cm^{-1}). Periodisch wurde die Absorption in diesem Gebiet registriert. Die Deuterierung hörte auf, sobald sich das Gleichgewicht eingestellt, d. h. die optische Dichte der Bande bei 3490 cm^{-1} einen konstanten Wert erreicht hatte. Danach wurde durch die Küvette, die in einem Thermostaten bei einer Temperatur von 110 °C untergebracht war, zur Entfernung von D_2O-Dampf 5 min lang trockene Luft gesaugt und anschließend das gesamte Spektrum der deuterierten Probe aufgezeichnet. Bei der Auswertung der Spektren wurden berechnet:

a) die Hydroxylgruppenkonzentration der acetonlöslichen Celluloseacetatproben nach der Formel [4]

$$C_{OH} = \frac{a \cdot D_{3550} + b(D_{3485} - 0{,}15 \cdot D_{2950})}{D_{2950}},$$

worin die Koeffizienten $a = 2{,}4$ und $b = 0{,}6$ sind, D_{3550}, D_{3485}, D_{2950} den optischen Dichten der Absorptionsbanden im Bereich 3550 cm^{-1}, 3485 cm^{-1} und 2950 cm^{-1} entsprechen und 0,15 die relative optische Dichte der Bande 3485 cm^{-1} für deuterierte Cellulosetriacetatproben ist, d. h. $D_{3485}/D_{2950} = 0{,}15$.

b) Die Zugänglichkeit gegenüber Deuteriumaustausch

$$D = \frac{C_{OH_0} - C_{OH_D}}{C_{OH_0}} \cdot 100,$$

wobei C_{OH_0} die OH-Gruppenkonzentration vor und C_{OH_D} die OH-Gruppenkonzentration nach dem D-Austausch sind; D ist die Zugänglichkeit der OH-Gruppen gegenüber der Austauschreaktion mit D_2O in Prozent.

6. Die mechanischen Prüfungen der Folien erfolgten nach 24 h Lagerung im Exsikkator bei 65% rel. Feuchte.

Diskussion der Ergebnisse

Die in der Tabelle 1 angeführten Daten zeigen, daß durch Hydrolyse acetonlösliche Celluloseacetatpräparate mit praktisch gleichem Polymerisationsgrad erhalten worden waren, was beim Vergleich der mechanischen Eigenschaften ihrer Folien wichtig ist. Aus den anderen Angaben der Tabelle ist ersichtlich, daß die Zugfestigkeit zunächst mit abnehmendem Substitutionsgrad bei gleichzeitiger Erhöhung der Reißdehnung etwas anwächst, dann abfällt und von $\gamma = 218$ an erneut zunimmt.

Auf Bild 1 sind die Deformationsdiagramme von Celluloseacetatfolien mit verschiedenen Substitutionsgraden, vom Triacetat bis zum wasserlöslichen Celluloseacetat mit $\gamma = 55$, angegeben.

Die dargestellten Kurven kann man in zwei Gruppen einteilen: die Kurven 2, 3, 4 und 1, 5, 6, 7, 8. Die Kurven der ersten Gruppe weisen einen horizontalen Teil auf, der bei den Kurven der zweiten Gruppe fehlt. Die Kurven beider Gruppen haben einen geradlinigen Anfangsbereich, der für die elastische Deformation charakteristisch ist.

Die erste Kurvengruppe entspricht der Deformation von Folien mit geschwächter zwischenmolekularer Wechselwirkung, die aus der Einführung einer geringen Menge von OH-Gruppen resultiert. Letztere sind wahrscheinlich aus sterischen Gründen noch nicht in der Lage, miteinander stabile Wasserstoffbrückenbindungen zu bilden, unterbrechen jedoch die Stereoregularität der Makromoleküle.

Im Anfangsstadium der Verseifung (Kurve 2) haben wir Folien mit erhöhter Elastizität, und die Arbeit, die

Tabelle 1. Kennziffern der unvernetzten acetonlöslichen Celluloseacetatproben und -folien

Nr.	Ausgangsproben				Folien		
	Verseifungszeit	Gehalt an gebundener CH_3COOH	Substitutionsgrad	Polymerisationsgrad	Substitutionsgrad aus dem IR-Spektrum	Mechanische Eigenschaften der Folien σ kp/mm²	ε
	h	%	γ	DP	γ		%
1	0	61,5	295	437	284	7,0	13
2	25	59,3	271	440	255	6,9	22,7
3	42	56,3	256	430	240	5,3	11,2
4	51	53,4	234	446	230	4,6	7,4
5	72	50,2	220	—	218	6,5	10,6

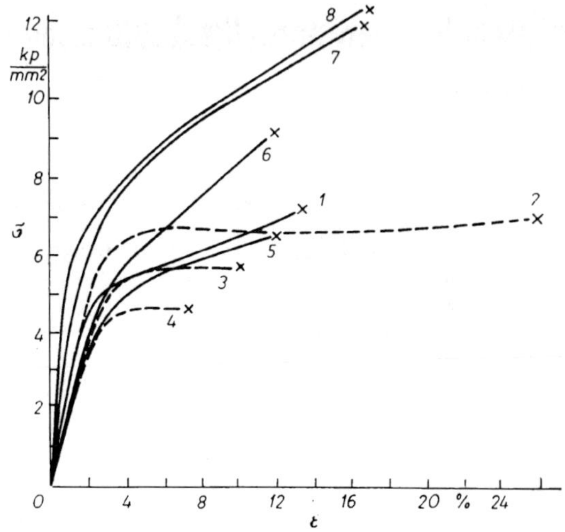

Bild 1. Dehnungskurven von Celluloseacetatfolien: Triacetat (Kurve 1), $\gamma = 274$ (2), $\gamma = 255$ (3), $\gamma = 230$ (4), $\gamma = 218$ (5), $\gamma = 180$ (6), $\gamma = 90$ (7), $\gamma = 55$ (8).

zum Zerreißen solcher Folien aufgewendet wird, ist, obwohl deren Zugfestigkeit nicht erhöht wird, größer als beim Triacetat.

Bei weiterer Verseifung fällt die absolute Reißfestigkeit, wobei sich sowohl die Steifheit (Anfangs-*Young*-Modul) der Folien als auch ihre Reißdehnung verringert. Ein solcher Prozeß verläuft bis zu einer bestimmten Grenze, bei der die Menge der OH-Gruppen zur Bildung fester Wasserstoffbrücken ausreicht, wodurch die zweite Kurvengruppe charakterisiert ist.

Die Kurve 1 dieser Gruppe entspricht der Deformation von Cellulosetriacetat, während die Kurven 5, 6, 7, 8 Acetaten mit $\gamma = 218$ bis 55 entsprechen, d. h. solchen Produkten, bei denen man eine Verstärkung der zwischenmolekularen Wechselwirkung annehmen kann, im ersten Fall infolge der Stereoregularität und im zweiten durch das Auftreten einer beträchtlichen Zahl von Wasserstoffbrücken.

Die oben angeführte Erklärung des mechanischen Verhaltens der Folien mit unterschiedlichem Substitutionsgrad wird durch Angaben zum Deuteriumaustausch an dünnen (5 bis 7 µm) Folien bestätigt, die aus acetonlöslichen Proben erhalten wurden. Die Änderung der Zugänglichkeit gegenüber D-Austausch ist auf Bild 2 graphisch dargestellt.

Aus diesem Bild ist ersichtlich, daß die Kurve der Änderung der Zugänglichkeit der OH-Gruppen gegenüber D-Austausch in Abhängigkeit von der Konzentration dieser Gruppen S-förmigen Charakter besitzt. Eine starke Erhöhung der Zugänglichkeit der OH-Gruppen ist bei Acetaten mit solchen Substitutionsgraden zu finden, die Folien ergeben, deren Deformationskurven der ersten Gruppe (Bild 1) angehören.

Wechselwirkung der Celluloseacetate mit Dimethylol-äthylenharnstoff (DMÄH)

Die Wechselwirkung der Celluloseacetate mit Vernetzungsreagentien (Vernetzungsgrad) wurde mittels

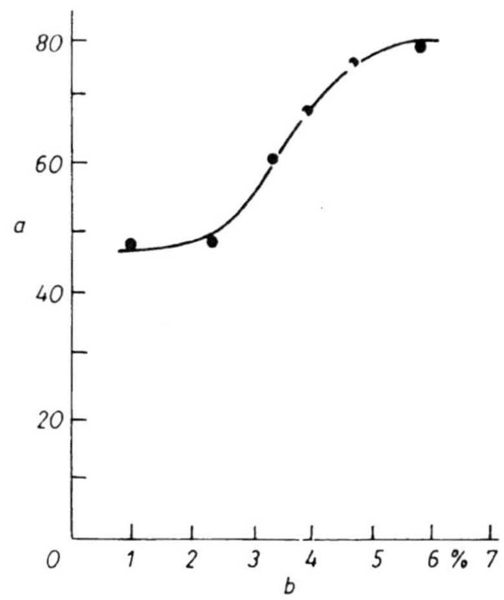

Bild 2. Änderung der Zugänglichkeit von Celluloseacetaten gegenüber D-Austausch in Abhängigkeit von der OH-Gruppenkonzentration

a — Zugänglichkeit gegenüber D-Austausch
b — C_{OH} — OH-Gruppenkonzentration in der Probe

IR-Spektroskopie, Quellgrad und Löslichkeit der vernetzten Folien in Aceton kontrolliert.

Auf Bild 3 sind die IR-Spektren von DMÄH als KBr-Preßling und einer Celluloseacetatfolie mit $\gamma = 240$ angeführt. Die Zuordnung der Banden in den IR-Spektren von DMÄH und Celluloseacetat erfolgte ausführlich in den Arbeiten [5 und 6]. Zur quantitativen Charakterisierung des gebundenen Vernetzungsmittels in der vernetzten Folie wurde die C=O-Valenzschwingungsbande herangezogen, die in DMÄH im Bereich 1700 cm^{-1} liegt. In den IR-Spektren der vernetzten CA-Folien wird eine Verbreiterung der C=O-Valenzschwingungsbande der Acetylgruppen durch Überlagerung mit der C=O-Schwingung von DMÄH beobachtet. Da der Gehalt an Acetylgruppen bei der

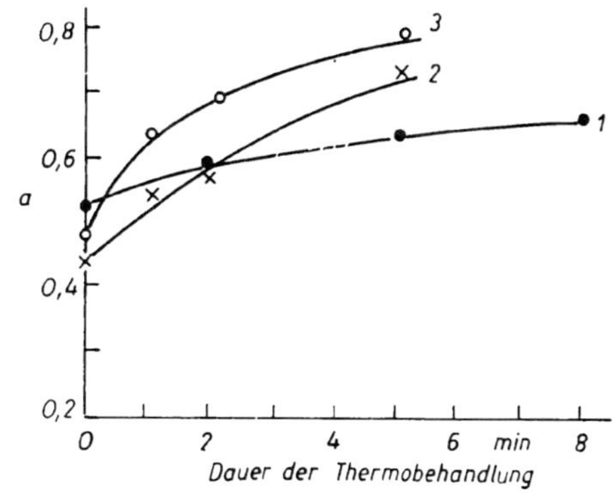

Bild 4. Änderung der optischen Absorptionsdichte im Gebiet 1700 cm^{-1} in den IR-Spektren der vernetzten CA-Folien in Abhängigkeit von der Reaktionszeit

a — relative optische Dichte der C=O-Valenzschwingungsbande D_{1700}/D_{1325}
$\gamma = 255$ (Kurve 1), $\gamma = 240$ (2), $\gamma = 230$ (3)

Vernetzung sich praktisch nicht verändert, wie wir am Beispiel der Vernetzung von wasserlöslichem Celluloseacetat mit Dimethylolharnstoff feststellten [7], wurde die Änderung der Absorption im Gebiet 1700 cm^{-1} als Maß zur Beurteilung der relativen Menge an gebundenem DMÄH in den vernetzten Folien angenommen. Auf Bild 4 sind die Anhäufungskurven von chemisch gebundenem DMÄH in den vernetzten Folien in Abhängigkeit von der Erwärmungsdauer der Celluloseacetatfolien mit verschiedenem Substitutionsgrad angeführt.

Aus dem Bild ist zu ersehen, daß die Menge an gebundenem DMÄH nur bis zu einem bestimmten Grenzwert zunimmt, bei dem nur ein unwesentlicher Teil der Hydroxylgruppen reagiert. Das letztgenannte Verhalten resultiert daraus, daß die Hydroxylgruppenkonzentration sich ändert, wie das aus Bild 5 mit analogen Proben ersichtlich ist.

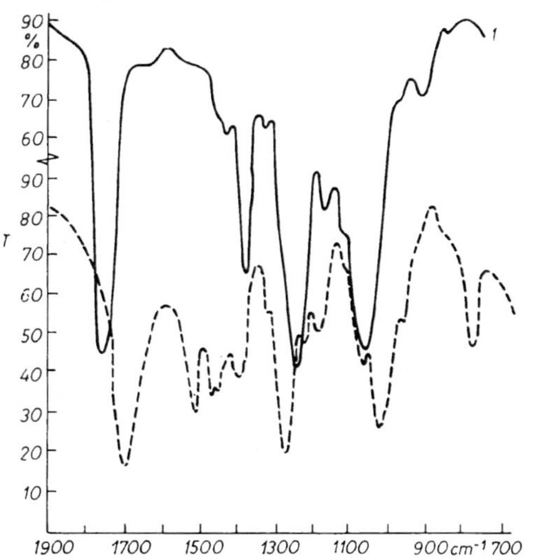

Bild 3. IR-Spektren einer CA-Folie mit $\gamma = 240$ (Kurve 1) und von Dimethyloläthylenharnstoff (KBr-Preßling) (Kurve 2).

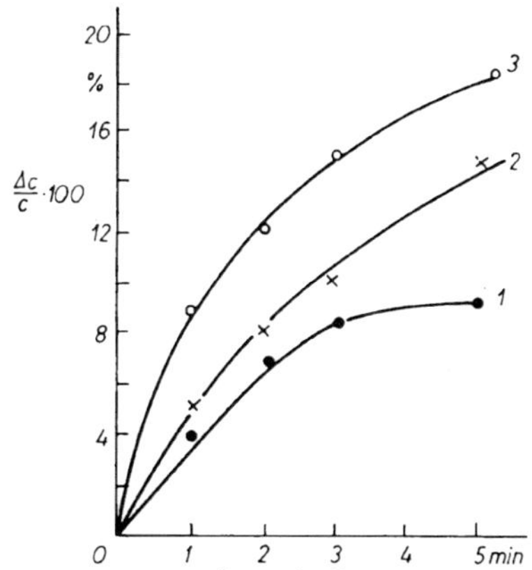

Bild 5. Änderung der OH-Gruppenkonzentration (in % des Ausgangswertes) während der Reaktion mit dem Vernetzungsmittel:

Kurve 1 — Celluloseacetat mit $\gamma = 230$;
Kurve 2 — $\gamma = 240$;
Kurve 3 — $\gamma = 255$.

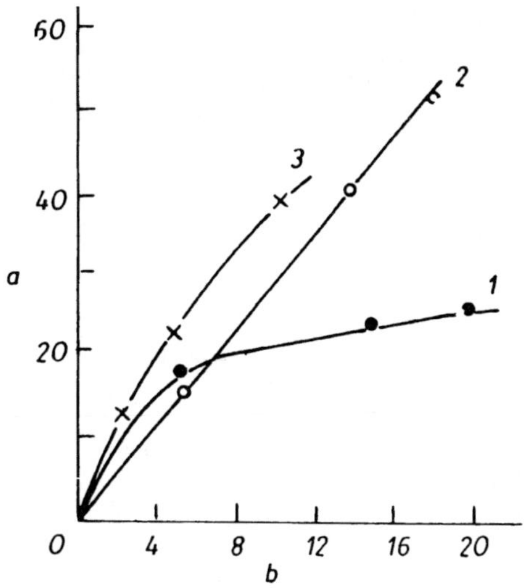

Bild 6. Änderung des Deuteriumaustausches in Abhängigkeit von der Menge an OH-Gruppen, die eine Vernetzungsreaktion eingehen, für Celluloseacetate mit $\gamma = 255$ (Kurve 1); $\gamma = 218$ (2); $\gamma = 230$ (3)
a — Verringerung der Zugänglichkeit der OH-Gruppen gegenüber D-Austausch in % der Zugänglichkeit der unvernetzten Ausgangsprobe
b — Menge an OH-Gruppen, die eine Vernetzungsreaktion eingehen, in % des ursprünglichen OH-Gruppengehaltes

Die Zugänglichkeit der nach einer „Vernetzung" verbleibenden OH-Gruppen gegenüber der Isotopenaustauschreaktion mit D_2O

Auf Bild 6 wird die Abnahme der Zugänglichkeit der Hydroxylgruppen in den vernetzten Folien gegenüber D-Austausch in Abhängigkeit von der Menge an OH-Gruppen gezeigt, die bei der Vernetzung reagiert haben (in Prozent des Ausgangswertes).

Wie aus dem Bild ersichtlich, ist bei geringer Änderung der verbleibenden OH-Gruppen die Zugänglichkeit gegenüber D-Austausch um vieles niedriger als in der Ausgangsprobe. So verringert sich z. B. für eine Probe mit $\gamma = 230$ bei Änderung der OH-Gruppenkonzentration um insgesamt 4% die Zugänglichkeit um 20%. Das ist wahrscheinlich durch eine Verringerung der Segmentbeweglichkeit der Makromoleküle und die Fixierung der bei der Folienherstellung gebildeten zwischenmolekularen Bindungen bedingt.

Interessant ist auch, daß die Änderung der Zugänglichkeit der Hydroxylgruppen gegenüber D-Austausch in einer Probe mit $\gamma = 218$ geringer ist als beispielsweise bei der Probe mit $\gamma = 230$. Das wird damit erklärt, daß die Struktur der Folien von dieser Probe ($\gamma = 218$), wie schon gesagt, durch eine Verstärkung der zwischenmolekularen Wechselwirkung charakterisiert wird. Die Einführung nachträglicher Vernetzungen beeinflußt in geringerem Maße die Reaktionsfähigkeit der verbleibenden Hydroxylgruppen als in der Probe mit geschwächter zwischenmoleklarer Wechselwirkung ($\gamma = 230$).

Die Eigenschaften der vernetzten Celluloseacetatfolien

Die Abnahme der Quellung und der Löslichkeit der vernetzten Folien in dem zu ihrer Herstellung verwendeten Lösungsmittel sind die ersten grundlegenden

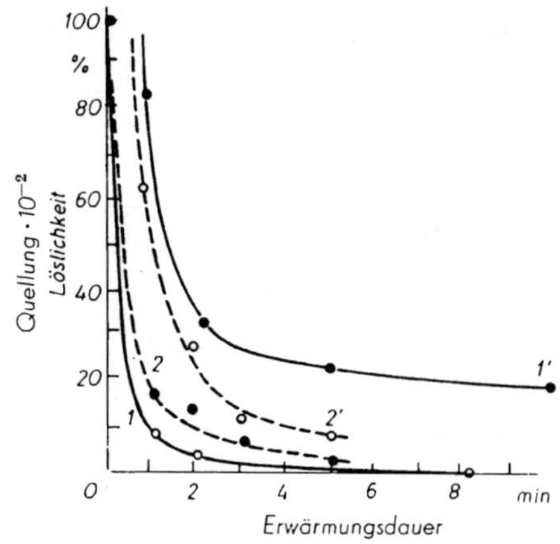

Bild 7. Änderung der Quellung (1' und 2') und der Löslichkeit (Kurve 1 und 2) von vernetzten CA-Folien mit $\gamma = 230$ (Kurven 1' und 1) und $\gamma = 255$ (2' und 2)

Merkmale, die den Vernetzungsgrad charakterisieren. Auf Bild 7 sind die Ergebnisse der Bestimmung dieser Kennziffern für vernetzte Celluloseacetatfolien in Abhängigkeit von der Erwärmungsdauer angeführt. Wie aus dem Bild zu ersehen ist, genügt es, zur Herstellung unlöslicher Folien, solche mit 5 Masse-% DMÄH, bezogen auf CA, 1 min zu erhitzen. Hierbei treten 3 bis 4 mol OH-Gruppen auf 100 Glucopyranoseeinheiten mit DMÄH in Wechselwirkung. Nimmt man an, daß alle umgesetzten OH-Gruppen an DMÄH gebunden sind, einschließlich in Querbindungen, so ergeben sich in dem vernetzten Produkt ungefähr zwei Querbindungen auf 100 Glucosereste. Durch die Einführung unterschiedlicher Mengen an gebundenem Vernetzungsmittel kann man unlösliche und in unterschiedlichem Maße in Aceton quellende Celluloseacetatfolien herstellen.

In Tabelle 2 sind Daten zur Änderung der mechanischen Eigenschaften der vernetzten Folien für CA mit $\gamma = 230$ in Abhängigkeit von der Menge an umgesetzten OH-Gruppen angeführt. Wie aus der Tabelle ersichtlich ist, kann man durch Einführung geringer Mengen an Vernetzer die Reißfestigkeit der Folien auf das 1,8fache und die Dehnung auf das 2,3fache erhöhen. Bei Einführung einer größeren Zahl von Querbindungen wird die Steifheit vergrößert, und die mechanischen Eigenschaften der Folien verschlechtern sich.

Die auf Bild 8 angeführten Zerreißdiagramme der mit DMÄH vernetzten CA-Folien mit $\gamma = 230$ zeigen, daß die Einführung geringer Vernetzermengen markant den Charakter dieser Kurven verändert. Folien mit

Tabelle 2. Änderung der mechanischen Eigenschaften von CA-Folien mit $\gamma = 230$ nach der Vernetzung.

Nr.	Menge der umgesetzten OH-Gruppen in % des Ausgangswertes	Reiß-belastung σ kp/mm²	Dehnung ε %
1	0	5,0	12,0
2	1,3	9,0	27,7
3	1,7	9,0	28,0
4	6,7	7,3	15,0
5	8,0	5,1	9,0

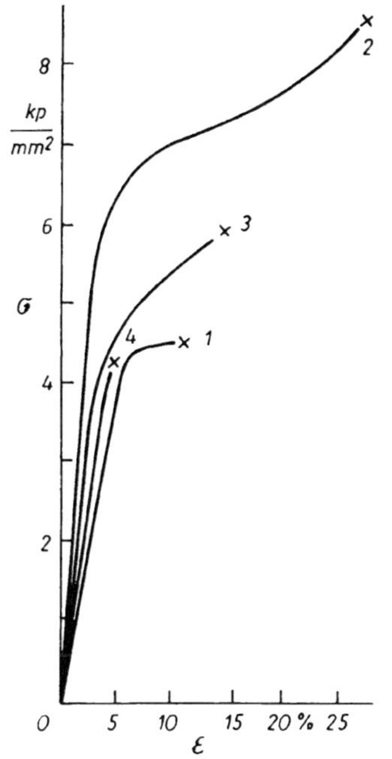

Bild 8. Dehnungskurven von CA-Folien mit $\gamma = 230$, die bei einer Thermobehandlung von 1 min (2), 2 min (3) und 10 min (4) vernetzt wurden; Ausgangsprobe (Kurve 1)

schwacher zwischenmolekularer Wechselwirkung, bei der erzwungene Elastizität und ein Abgleiten der Ketten auftritt, werden durch Deformationskurven mit kurzen, horizontalen Kurvenabschnitten charakterisiert. Wenn die Ausgangsfolie eine solche Deformationskurve aufweist, dann erfolgt bei steigender Vernetzermenge (Kurven 2, 3, 4) zunächst eine Vergrößerung der Festigkeitswerte (Kurve 2) und dann eine fortlaufende Verringerung des Teils der elastischen und plastischen Deformation.

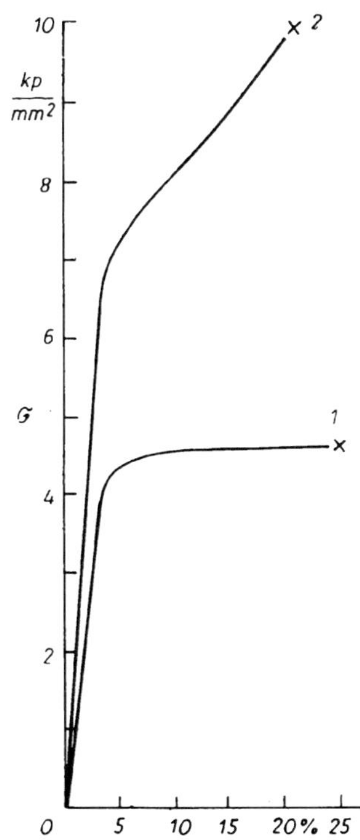

Bild 9. Dehnungskurven von CA-Folien mit $\gamma = 255$, die bei einer Thermobehandlung von 5 min (2) vernetzt wurden; Ausgangsprobe (Kurve 1)

Die Erhöhung der Dichte des räumlichen Netzwerkes und die Einbeziehung aller Celluloseestermakromoleküle in dieses Netzwerk führen zur Hemmung der Prozesse, die Kettenverschiebungen und Deformationen der Makromoleküle hervorrufen, und schließlich zum Erhalt von Folien, die sich wie spröde Körper verhalten (Kurve 4).

Genau denselben Einfluß übt eine Vernetzung auf die mechanischen Eigenschaften von CA-Folien mit $\gamma = 255$ aus (Bild 9).

Das bestätigt nach unserer Meinung die Erklärung, die wir im ersten Teil dieser Arbeit bei der Diskussion der Diagramme von Folien mit unterschiedlichem Substitutionsgrad gaben.

Für die Probe mit $\gamma = 218$ ändern sich die Zerreißdiagramme der Folien nach einer Vernetzung in ihrem Charakter nicht (Bild 10), da es in dieser Probe bereits ein genügend ausgebildetes Netzwerk von Wasserstoffbrückenbindungen zwischen den Hydroxylgruppen gibt.

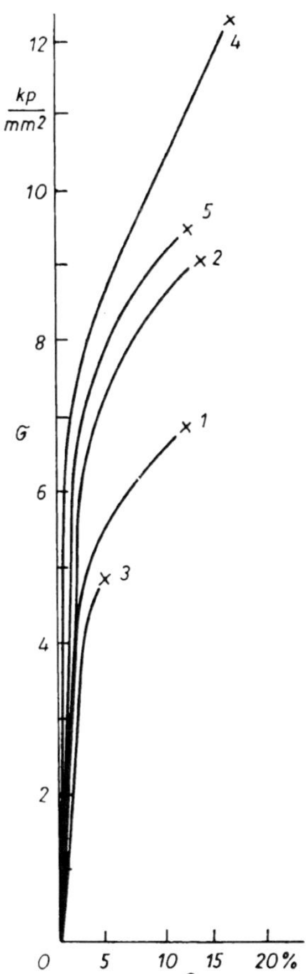

Bild 10. Dehnungskurven von CA-Folien mit $\gamma = 218$, die bei einer Thermobehandlung von 1 min (2) und 5 min (3) vernetzt wurden, Ausgangsprobe (1) und einer Folie mit $\gamma = 55$, die bei einer Thermobehandlung von 1 min vernetzt wurde (Kurve 5), Ausgangsprobe (4)

Bei geringem Vernetzungsgrad der Probe mit $\gamma = 218$ haben wir noch eine gewisse Festigkeitserhöhung, während für die Probe mit $\gamma = 55$ jedoch sofort eine Festigkeitsabnahme beobachtet wird.

Schlußfolgerungen

1. Es wurde gezeigt, daß eine Änderung des Substitutionsgrades in Celluloseacetaten mit vergleichbarem DP von $\gamma = 295$ bis $\gamma = 55$ auf bestimmte Weise die physiko-mechanischen Kennwerte der Folien ändert.

Die Deformationskurven dieser Folien lassen sich in zwei Gruppen unterteilen, die für Folien mit $\gamma = 255$ bis 230 und $\gamma = 220$ bis 55 charakteristisch sind.

Gezeigt wurde, daß die erste Kurvengruppe die Deformation der Folien mit abgeschwächter zwischenmolekularer Wechselwirkung betrifft und die zweite die Folien, in denen die zwischenmolekulare Wechselwirkung hauptsächlich durch Wasserstoffbrückenbindungen der Hydroxylgruppen zustande kommt.

2. Es wurde festgestellt, daß die Änderung der physiko-mechanischen Eigenschaften der Folien nach einer Vernetzung nicht nur vom Vernetzungsgrad, sondern auch in starkem Maße von der Wirkung der Wasserstoffbrückenbindungen abhängt.

3. Am Beispiel des Isotopenaustausches mit D_2O wurde gezeigt, daß die Hydroxylgruppen der vernetzten Acetate eine geringere Reaktionsfähigkeit besitzen als in den unvernetzten Proben.

Literatur

[1] *Whistler, R. L.*: Methods in Carbohydrate Chemistry. Bd. III: Cellulose. 1963, S. 200.
[2] Analytische Chemie der Polymeren, Bd. 1, 1963, S. 105.
[3] *Bolotnikova, L. S.*, und *Samsonova, T. I.*: Zur Bestimmung des Polymerisationsgrades von Acetylcellulose unterschiedlichen Substitutionsgrades. Ž. prikl. Chimii (Z. angew. Chemie) **42** (1969) 10, S. 2388–2389.
[4] *Žarkov, V. V.*, und *Mironova, V. N.*: Chemie und Technologie der Cellulosederivate. Vladimir 1968, S. 241–245.
[5] *Žbankov, R. G., Zuev, R. V., Kozlov, P. V.*, und *Solov'eva, L. V.*: Untersuchung der intermolekularen Wechselwirkungen in Polymeren. I. Die Anwendung der Infrarot-Spektroskopie auf die Untersuchung von Acetylcellulosefasern. Vysokomol. Soed. (Hochmol. Verbind.) **2** (1960) 8, S. 1270–1279.
[6] *Simonian, J. V.*: Infrared spectra of reactant monomers. Amer. Dyestuff. Rep. **53** (1964) 7, S. 15 (248)–24 (257).
[7] *Petropavlovskij, G. A., Vasil'eva, G. G.*, und *Rachmanberdiev, G.*: Umsetzung von Dimethylolharnstoff mit wasserlöslichem Celluloseacetat. Ž. prikl. Chimii (Z. angew. Chemie) **42** (1969) 12, S. 2813–2819.

Eingegangen am 27. September 1973

Chemiezellstoff aus ägyptischer Bagasse

IV. Einfluß der Sulfidität auf den Viskosezellstoff

M. Amine Abou-State und Samia A. Helmy

Department of Chemistry, Faculty of Science, University of Cairo, Giza, ARE

DK 661.728.84:661.728.22/.23:539.2

Aus der Bagasse wurde Viskosezellstoff nach dem Vorhydrolyse-Sulfatverfahren hergestellt. Der Einfluß der Sulfidität der Kochlauge auf die chemischen, physikalischen und submikroskopischen Eigenschaften des Zellstoffs wurde untersucht. Es zeigte sich, daß die besten Resultate bezüglich Aufschlußgrad, Bleichbarkeit, Accessibilität und Reaktionsfähigkeit erhalten werden, wenn man mit einer Sulfidität von 20% arbeitet. Weiterhin wurde gefunden, daß der optimale Veredlungsgrad während des Bleichprozesses erreicht wird, wenn man mit 16% NaOH arbeitet.

Получение вискозной целлюлозы из багассы египетского происхождения.

IУ. *Влияние сульфидности при варке на свойства целлюлозы*

Вискозная целлюлоза была получена из багассы по сульфатному способу с предгидролизом. Изучалось влияние сульфидности варочного раствора на химические, физические и субмикроскопические свойства полученной целлюлозы. Показано, что наилучшие показатели (степень провара, отбеливаемость, доступность и реакционная способность) целлюлозы наблюдаются при сульфидности в 20%. Кроме того установлено, что оптимальная степень облагораживания в процессе отбелки достигается при применении 16%-ной щелочи.

Dissolving Pulps from Egyptian Bagasse. IV. Effect of Sulphidity on Viscose Pulps

Viscose pulps were prepared from bagasse by the prehydrolysis-sulphate process. The effects of sulphidity on the chemical, physical and sub-microscopic characteristics of pulps were studied. 20% Sulphidity resulted in a better degree of pulping, lower bleach requirement, more open and accessible inner structure and higher reactivity towards xanthation. Also, refining during bleaching was investigated and it was found better to use 16% sodium hydroxide.

Einleitung

In früheren Untersuchungen [1] wurde festgestellt, daß es nicht gelingt, aus nichtentmarkter Bagasse nach dem Vorhydrolyse-Soda-Aufschluß Chemiezellstoffe zu gewinnen. Die Kochung von vorhydrolysierter Bagasse mit Sulfatkochlauge [2] führte zu Zellstoffen mit besserem Aufschlußgrad, aber durch ihre schlechten chemischen Eigenschaften und den hohen Splittergehalt waren sie für den Einsatz im Chemiefasersektor ungeeignet. Weil mit Sulfatlauge gekochte Zellstoffe einen besseren Aufschlußgrad aufwiesen, wurde eine Reihe von Untersuchungen durchgeführt, um den Einfluß der Sulfidität auf den Aufschlußgrad, die Bleichbarkeit und die Eigenschaften der Zellstoffe zu klären.

In unseren früheren Untersuchungen [3] wurde festgestellt, daß es besser und wirtschaftlicher ist, die Veredlung nicht vor der Bleiche, sondern während des Bleichprozesses durchzuführen. Zur vorliegenden Arbeit wurden eine Reihe von Veredlungsvarianten während der Bleiche durchgeführt und der Einfluß auf die chemischen, physikalischen und submikroskopischen Eigenschaften der Zellstoffe untersucht.

Tabelle 1. Übersicht über Versuchsdurchführung und -ergebnisse

Versuch Nr.	I		II		III		IV	
Gesamt-Na (%)	16		16		16		16	
Sulfidität (%)	—		20		30		40	
NaOH-Menge auf 100 g Stoff	27,84		22,27		19,49		16,70	
NaOH-Konzentration (%)	2,784		2,227		1,949		1,670	
Na_2S Menge auf 100 g Stoff	—		5,48		8,11		10,82	
Na_2S-Konzentration (%)	—		0,548		0,811		1,082	
Stoffdichte	10:1		10:1		10:1		10:1	
Unbl. = ungebleicht Bl. = gebleicht	Unbl.	Bl.	Unbl.	Bl.	Unbl.	Bl.	Unbl.	Bl.
Ausbeute (%)	36,6	33,3	35,4	32,5	35,7	33,2	36,7	34,8
Lignin (%)	2,7	—	1,3	—	1,9	—	3,1	—
Chlorbedarf (%)	2,75	—	2,25	—	2,9	—	3,25	—
Asche (%)	0,13	0,06	0,14	0,07	0,20	0,10	0,20	0,09
DP	1214	1044	1286	1015	1220	1040	1243	1053
α-Cellulose (%)	—	93,1	—	93,6	—	94,0	—	95,2
Weißgehalt (%)	—	92	—	92	—	94	—	93
WRV	—	106,0	—	151,0	—	104,3	—	94,5
LRV	—	262,0	—	301,6	—	250,1	—	232,2
NaOH-RV	—	47,5	—	51,6	—	47,8	—	44,4
Jodzahl (mg/g Stoff)	—	75	—	78	—	73	—	67
Kristallinität (%)	—	82	—	81	—	82	—	84
Reaktionsfähigkeit (% ungelöste Substanz)	—	71,8	—	71,0	—	72,5	—	73,4

2. *Experimenteller Teil*

2.1. *Rohstoff*

Als Rohstoff wurde ägyptische Bagasse eingesetzt. Die Bagasse wurde nach dem Naß-Verfahren im Edfo Zellstoffwerk entmarkt, an der Luft getrocknet und ihre chemische Zusammensetzung bestimmt. Der Lignin-, Pentosan- und Aschegehalt wurden nach der Tappi-Standard-Methode T 13 os-54, T 19 m 50 und T 15-os-58(4) bestimmt.

2.2. *Vorhydrolyse und Aufschluß (Tabelle 1)*

Die Vorhydrolyse und die Kochung erfolgten in einem Rundkolben mit Rückflußkühler. Die Temperatur wurde mittels Thermostat reguliert. Im Versuch I wurde die entmarkte Bagasse mit 6% H_2SO_4 (auf Stoff bez.) 6 h bei 100 °C hydrolysiert, anschließend mit 27,8% NaOH (auf vorhydrolysierten Stoff bez.) aufgeschlossen. Dies entspricht 16% Gesamt-Natrium. Versuch II, III, IV wurden unter den gleichen Bedingungen wie Versuch I durchgeführt mit dem Unterschied, daß diese Kochungen mit Sulfatlauge mit einer Sulfidität von 20, 30 und 40% durchgeführt wurden, d. h., daß 20, 30 und 40% des eingesetzten Natriums aus Na_2S bestanden und der Rest NaOH war.

Tabelle 2. Alkaliveredlung

Versuch Nr.	II			
Zellstoff Nr.	1	2	2	4
NaOH-Menge auf 100 g Stoff	8	16	24	24
Ausbeute (%)	33,6	32,5	28,4	27,3
Asche (%)	0,17	0,07	0,08	0,07
DP	1100	1015	910	1144
α-Cellulose (%)	90,9	93,6	89,5	93,7
Weißgehalt (%)	88	92	93	93
WRV (%)	99,3	151,0	151,8	150,2
LRV (%)	262,1	301,6	303,0	302,4
NaOH-RV (%)	44,3	51,6	52,0	51,8
Jodzahl (mg/g Stoff)	72	78	83	78
Kristallinität (%)	83	81	80	81
Reaktionsfähigkeit (% ungel. Substanz)	75,3	71,0	56,4	71,3

Die Heißalkalisierung wurde 2 h bei 80 °C für die Zellstoffe 1, 2 und 3 durchgeführt. Bei dem Zellstoff 4 wurde die Behandlung erst mit 24% Alkali 2 h bei 80 °C und anschließend 2 h bei 20 °C vorgenommen.

2.3. *Bleiche*

Nach der Bestimmung des Chlorbedarfs wurden die Zellstoffe einer Mehrstufenbleiche unterworfen [1, 2, 6]. In der zweiten Bleichstufe wurde der Zellstoff mit NaOH verschiedener Konzentration 2 h bei 80 °C behandelt (Tabelle 2). Im Falle des Zellstoffs IV folgte nach der Heißalkalisierung eine Kaltalkaliveredlungsstufe.

2.4. *Die chemische Zusammensetzung der Zellstoffe*

Lignin, Asche und α-Cellulose wurden nach der Tappi-Standard-Methode [4] bestimmt.

2.5. *Physikalische Eigenschaften*

Die Bestimmung des Durchschnittspolymerisationsgrades erfolgte nach *Jayme* und *Wellm* [7]. Der Weißgehalt wurde mit dem Leukometer ermittelt, als Bezugssubstanz diente MgO (K. Frank Nr. 43).

2.6. *Submikroskopische Struktur*

Das Wasserrückhaltevermögen, das Lösungsmittelrückhaltevermögen, das NaOH-Rückhaltevermögen, und die Reaktionsfähigkeit bei der Xanthogenierung wurden bestimmt [2, 3, 8]. Der Kristallinitätsgrad wurde nach *Schwertassek*, modifiziert von *Hessler* und *Power* [9], ermittelt.

3. *Ergebnisse und Diskussion*

Die entmarkte Bagasse enthielt 20,6% Lignin, 29,8% Pentosan und 1,2% Asche.

3.1. *Der Einfluß der Sulfidität*

In der Versuchskochung I wurde der Aufschluß nur mit NaOH durchgeführt, und der erhaltene Zellstoff war für die Viskoseherstellung geeignet. Die Kochungen mit Sulfatablauge mit 20, 30 und 40% Sulfidität führten zu folgenden Ergebnissen:

3.1.1. Ausbeute an gebleichtem Zellstoff

Die beste Ausbeute erreichte man bei Kochlauge mit 40% Sulfidität (Versuch IV).

3.1.2. Der Aufschlußgrad

Der optimale Aufschlußgrad wurde mit 20% Sulfidität erreicht. In diesem Falle wurde der beste Delignifizierungsgrad erhalten, und der Zellstoff wies den geringsten Splittergehalt auf.

3.1.3. Die Bleiche

Die Kochungen I und II (Tabelle 1) zeigen, daß bei Erhöhung der Sulfidität von Null auf 20% der Verbrauch an Chlor bis auf 50% sinkt. Da andererseits der Verbrauch an aktivem Chlor in der Hypochloritstufe etwa 30% des Chlorbedarfs entsprach [2, 4], bedeutet das, daß auch hier eine Verringerung des Chlorverbrauches auf die Hälfte zu verzeichnen ist. Die weitere Erhöhung der Sulfidität (Kochungen III und IV) führte zu einer Steigerung des Chlorbedarfs.

Es besteht eine enge Korrelation zwischen dem Ligningehalt des ungebleichten Zellstoffes und dem Chlor-Verbrauch beim Bleichen. Je höher der Ligningehalt ist, um so größer ist auch der Chlorverbrauch. Bei 20% Sulfidität (Versuch II) resultierten der niedrigste Ligningehalt und der geringste Chlorverbrauch.

3.1.4. Die Zellstoffeigenschaften

3.1.4.1. Chemische Zusammensetzung

Aus der Tabelle 1 ist zu entnehmen, daß der α-Cellulosegehalt mit Erhöhung der Sulfidität steigt. Den höchsten Wert erreicht man bei einer Sulfidität von 40% (Versuch IV).

3.1.4.2. Physikalische und submikroskopische Eigenschaften

Die Versuche I und II (Tabelle 1) zeigen, daß die Erhöhung der Sulfidität von Null bis 20% die physikalischen und submikroskopischen Eigenschaften verbessert und die Reaktivität des Zellstoffes bei der Xanthogenierung erhöht. Allerdings beeinträchtigt eine weitere Erhöhung der Sulfidität die Eigenschaften der Zellstoffe.

3.2. Alkalische Veredlung

An dem im Versuch II erhaltenen Zellstoff mit größter Reaktionsfähigkeit wurden in der zweiten Bleichstufe Veredlungsversuche mit NaOH durchgeführt (Tabelle 2). Bei Erhöhung der Alkalimenge von 8 bis 16% (auf Stoff bez.) verbessern sich die chemischen, physikalischen und submikroskopischen Eigenschaften des Zellstoffs für die Xanthogenierung. Eine weitere Erhöhung der Alkalimenge bis 24% (Stoff 3) verbessert die Reaktivität bei der Xanthogenierung nur geringfügig. Dabei sinken die Ausbeute von 32,5 auf 28,4% und der α-Cellulosegehalt von 93,6 auf 89,5%. Das ist wahrscheinlich bedingt durch den Abbau der Cellulose infolge der höheren Alkalikonzentration in der Veredlungsstufe. Um die abgebaute Cellulose zu entfernen, wurde der Zellstoff einer nachfolgenden Kaltalkalibehandlung unterworfen (Stoff 4). Dabei stieg der α-Cellulosegehalt bei gleichzeitiger Verschlechterung der physikalischen und submikroskopischen Eigenschaften des Zellstoffs. Der erhaltene Zellstoff (Nr. 4) besaß praktisch die gleichen chemischen, physikalischen und submikroskopischen Eigenschaften wie der Zellstoff Nr. 2. Im letzteren Falle ist jedoch die Ausbeute viel höher. Es ist deshalb wirtschaftlicher, die Veredlung mit 16% Alkali anstelle von 24% durchzuführen. Dabei sind die optimalen Veredlungsbedingungen diejenigen, wie bei dem Stoff 2 beschrieben.

4. Schlußfolgerung

Die Anwendung von 20% Sulfidität führt zu Zellstoffen mit bestem Aufschlußgrad, niedrigerem Ligningehalt und demzufolge niedrigerem Bedarf an Bleichmitteln. Die höchste Ausbeute und den höchsten α-Cellulosegehalt erreicht man im Falle einer Sulfidität von 40%. Dennoch ist es vorteilhaft, bei 20% Sulfidität zu arbeiten, da der Zellstoff eine bessere Accessibilität und bessere Reaktivität bei der Xanthogenierung besitzt. Die besten Resultate bei der Veredlung wurden erreicht, wenn man in der zweiten Bleichstufe mit 16% Alkali (auf Stoff bezogen) arbeitet. Niedrige Alkalimengen verschlechtern die chemischen, physikalischen und die submikroskopischen Eigenschaften des Zellstoffs, höhere Alkalimengen führen zum Abbau der Cellulose, wodurch eine geringere Ausbeute und ein niedrigerer α-Cellulosegehalt resultieren. Die Entfernung der abgebauten Cellulose aus dem Zellstoff durch Kaltalkalisierung ist nicht zu empfehlen, da einerseits die Ausbeute sinkt und andererseits eine Verbesserung der Qualität des Zellstoffs nicht erreicht wird.

Literatur

[1] *Abou-State, M. A.*, und *El-Morsy, M. M.:* Effect of depithing on pulps from Egyptian bagasse. J. appl. chem. Biotechnol., London **22**, (1972) S. 863—865.
[2] *Abou-State, M. A.*, und *Helmy, S. A.:* Dissolving pulps from Egyptian bagasse. I. Effect of depithing on the chemical, physical and sub-microscopic characteristics of viscose pulps. J. appl. chem. Biotechnol., London **22** (1972) S. 1227—1232.
[3] *Abou-State, M. A.*, und *Abd El-Megeid, F. F.:* Studies on the pulping of Egyptian cotton linters by the nitric acid process. J. appl. chem. Biotechnol., London **22** (1972) S. 993—999.
[4] Tappi Standards. Technical Association of the Pulp and Paper Industry, 1 Dunwoody Park, Atlanta, Ga. 30341.
[5] *Jayme, G.*, und *Rothamel, L. S.:* In: *R. Sieber*, Untersuchungsmethoden der Zellstoff- und Papier-Industrie. Berlin: Springer 1951, S. 548.
[6] *Abou-State, M. A.*, u. a.: Dissovling pulps from Egyptian bagasse. II. Low temperature cooking. J. appl. chem. Biotechnol., London **23** (1973), im Druck.
[7] *Jayme, G.*, und *Wellm, J.:* Xanthogenierung zellulosehaltiger Fasern in Emulsion zwecks Bestimmung der Xanthogenatviskosität und des Durchschnittspolymerisationsgrades. I. Entwicklung einer neuen Meßmethodik. 13. Mitteilung. II. Ausdehnung der Messungen auf hochviskose Zellulosen und ungebleichte Zellstoffe. Kolloid-Z. **107** (1944) S. 163—180; **108** (1944) S. 20—30.
[8] *Abou-State, M. A.*, und *Abd El-Megeid, F. F.:* Die Wirkung einiger chemischer Behandlungen auf die Eigenschaften gereinigter ägyptischer Baumwollabfallfasern. Faserforsch. u. Textiltechnik **23** (1972) 10, S. 435 bis 438.
[9] *Hessler, L. E.*, und *Power, R. E.:* The use of iodine adsorption as a measure of cellulose fiber crystallinity. Textile Res. J. **24** (1954) S. 822—827.

Eingegangen am 9. Oktober 1973.

Acetylierung der Cellulose

I. Acetylierung von mit Ammoniaklösungen behandelter Baumwolle

Adel Koura und Atef Ibrahum

Cellulose and Paper Department, National Research Centre, Sh. Al-Tahrir, Dokki, Cairo, ARE

DK 677.21:546.171.1—142.2:677.862.212:678.544.4

Die mit Ammoniaklösung behandelte Baumwolle läßt sich vollständig mit ähnlicher Acetylierungsgeschwindigkeit wie die Baumwollproben acetylieren, die mit bekannten Quellmitteln, wie 18%ige Natronlauge, flüssigem Ammoniak oder Methylamin behandelt wurden. Die nach dem Auswaschen der Aktivierungsmittel und Trocknen verhornte Cellulose kann durch Wasserbehandlung reaktiviert werden. Die reaktivierten Proben haben fast gleiche Acetylierungsgeschwindigkeit wie die nie getrockneten, mit Quellmittel behandelten Proben.

Ацетилирование целлюлозы.

I. Ацетилирование хлопка, обработанного растворами аммиака

Скорость полного ацетилирования хлопка, обработанного раствором аммиака, сравнима с таковой при этерификации образцов хлопка, обработанных известными набухающими средствами: 18%-ной щелочью, жидким аммиаком или метиламином. Ороговевшую поверхностно целлюлозу после вымывания активирующих средств и сушки можно реактивировать путем обработки водой. При этом реактивированные образцы ацетилируются почти с такой же скоростью, как невысушенные, обработанные набухающими средствами образцы.

Acetylation of Cellulose

I. Acetylation of Cotton treated with Ammonia Solutions

Cotton samples treated with ammonia solutions were completely acetylated by the same acetylation rate as samples treated with some common swelling agents such as 18% sodium hydroxide, liquid ammonia and methylamine. The hornification effect produced by drying cotton samples treated with activation agents can be eliminated by water treatment of the dried samples. The acetylation rate of the reactivated samples was found to be nearly the same as those which have never been dried.

1. Einleitung

Es ist bekannt, daß zur Erhöhung der Reaktionsfähigkeit von Cellulose bei chemischen Umsetzungen diese vorher mit Alkalilauge, quaternären Ammoniumhydroxiden, Ammoniak oder primären aliphatischen Aminen behandelt wird.

Hinsichtlich der Literatur über die Einwirkung von Alkali und anderen Quellmitteln auf Baumwolle sei auf die umfassende Studie von *Warwicker* u. Mitarb. [1] hingewiesen. Wir können uns deshalb darauf beschränken, nur diejenigen Arbeiten kurz zu besprechen, die für unsere eigenen Untersuchungen von unmittelbarem Interesse sind.

Loeb und *Segal* [2] bestätigen den positiven Einfluß der Mercerisierung der Cellulose auf die Reaktivität. Sie stellten weiterhin fest, daß die Dekristallisation von Cellulose durch Amine auch eine Erhöhung der Reaktivität während der heterogenen Acetylierung der Cellulose mit sich bringt. Zusammenhänge zwischen Dekristallisation, Aminbehandlung und Aktivierung der Cellulose für anschließende chemische Umsetzungen wurden in der letzten Zeit vor allem von *Klenkova* u. Mitarb. [3] intensiv bearbeitet.

Der Einfluß der übermolekularen Struktur der Cellulose auf die Reaktivität wurde in verschiedenen Veröffentlichungen diskutiert. *Masura* [4] zeigte, daß die Reaktionsfähigkeit der Cellulose von der morphologischen Struktur und der Natur der Bindungen zwischen den Makromolekülen abhängig ist. Die Mercerisierung der Cellulose, bei der Wasserstoffbrücken gesprengt werden, erhöht die Reaktivität der Cellulose, während beim Pressen und Trocknen neue Brücken gebildet werden, die die Zugänglichkeit der Cellulose gegenüber chemischen Reaktionen herabsetzen.

Über die Quellung von nativen Cellulosefasern durch flüssiges Ammoniak wurde zuerst von *Bernardy* [5] sowie *Barry, Peterson* und *King* [6] berichtet. Die durch die Behandlung von Cellulose mit flüssigem Ammoniak erreichbare Strukturveränderung besitzt erhebliches Interesse sowohl für die Veränderung der textilmechanischen Eigenschaften von Baumwolle, wie sie beim sogenannten Prograde-Prozeß [7], ein dem Mercerisierungsverfahren vergleichbarer Prozeß, erreicht wird, als auch für die Aktivierung von Cellulose für nachfolgende chemische Umsetzungen.

Während die meisten Autoren zur Erzielung der genannten Aktivierung von reinen Aminen oder Ammoniak ausgingen, zeigten *Loeb* und *Segal* [8], daß auch wäßrige Aminlösungen die Cellulose aktivieren können, wenn die Lösung mindestens 1 mol Amin pro mol H_2O enthält.

Koura und *Schleicher* [9] fanden, daß Ammoniaklösungen ebenfalls eine Quellwirkung auf Cellulose haben, wobei durch die Behandlung der Level-off-DP, das Wasserrückhaltevermögen, die Dampfsorption und die Acetylierbarkeit der Cellulose verändert werden können. Da nach der Behandlung von Cellulose mit wäßrigen und nichtwäßrigen Amin- bzw. Ammoniaklösungen [9, 10] teilweise gleiche Ergebnisse bei einer Acetylierung mit 3 min Reaktionszeit wie nach einer Behandlung der Cellulose mit reinen Aminen oder Ammoniak erzielt wurden, sollte geprüft werden, ob auch bei der Acetylierung bis zum Cellulosetriacetat anstelle einer Vorbehandlung mit Natronlauge, Aminen oder flüssigem Ammoniak eine Aktivierung der Cellulose mit wäßriger Ammoniaklösung treten kann, und wie sich die mit wäßriger Ammoniaklösung aktivierte Cellulose bei einer Zwischentrocknung verhält.

2. Bemerkungen zur Versuchsmethodik

Als Cellulosepräparat diente eine gebeuchte und gebleichte Baumwolle (Cuoxam-DP 1300).

Folgende Quellmittel wurden eingesetzt:

18%ige Natronlauge,
flüssiges Ammoniak,
Methylamin,
Äthylendiamin,
wäßrige Ammoniaklösungen mit 55% Ammoniak,
Ammoniak/Äthanolamin-Lösung mit 13% und 20% Ammoniak.

Die leichtflüchtigen Quellmittel wie Ammoniak und Methylamin wurden einer Stahlflasche oder einer Ampulle entnommen und ohne weitere Reinigung unter Kühlung mit dem durch Destillation gereinigtem Wasser oder Äthanolamin vermischt bzw. unverdünnt eingesetzt.

Bei der *Aktivierung der Cellulose* wurde diese in lufttrockenem, vorher in einer Schlagmühle zu Watte zerkleinertem Zustand mit der 30fachen Menge Quellmittel stehengelassen.

Die Acetylierung wurde nach dem Heterogenverfahren durchgeführt [2], wobei

a) 1 g Cellulose nach der Behandlung mit dem Quellmittel mit Wasser ausgewaschen, das Wasser gegen Essigsäure ausgetauscht, die Proben mit 10 ml Essigsäure, 10 ml Hexan und 16 mg Perchlorsäure 1 h bei 25 °C behandelt, danach 20 ml Essigsäureanhydrid zugegeben, die Mischung durchgeschüttelt und nach der vorgegebenen Zeit in Wasser gegossen wurde;
b) 1 g Cellulose mit dem Quellmittel behandelt und mit Wasser gewaschen, an der Luft getrocknet und weiter wie bei (a) acetyliert wurde;
c) die Cellulose, wie bei (b) behandelt, aber die lufttrockene Probe vor der Acetylierung mit Wasser angefeuchtet und das Wasser gegen Essigsäure ausgetauscht, dann wie bei (a) acetyliert wurde;
d) 1 g Cellulose nach der Behandlung mit dem Quellmittel mit Pyridin 5mal innerhalb von 2 Tagen durch Schütteln ausgewaschen, dann mit Pyridin/Essigsäureanhydrid 1:1 bei 50 °C acetyliert wurde.

Nach dem Auswaschen und Trocknen des Celluloseacetats wurde der Essigsäuregehalt bestimmt.

3. *Versuchsergebnisse*

3.1. *Acetylierung der mit Quellmittel aktivierten Baumwolle*

Bild 1 zeigt die Acetylierungsgeschwindigkeit der mit verschiedenen Quellmitteln vorbehandelten Baumwolle im Vergleich zu der Acetylierungsgeschwindigkeit der nativen Baumwolle, wobei das Acetylierungsverfahren (a) angewandt wurde. Man sieht, daß die Baumwollproben, die mit Natronlauge, flüssigem Ammoniak oder 20%iger Ammoniaklösung in Äthanolamin behandelt wurden, die höchsten Acetylierungsgeschwindigkeiten besitzen, und man erreicht das Triacetat nach ca. 20 min Acetylierungszeit. Die Baumwollproben, die mit wäßriger Ammoniaklösung, Äthanolamin/Ammoniak-Lösung mit 13% NH_3 oder Methylamin behandelt wurden, bilden das Triacetat nach ca. 30 min Acetylierungszeit. Die mit Äthylendiamin behandelten Proben lassen sich nicht so schnell acetylieren. Man erreicht das Triacetat nicht vor ca. 60 min Acetylierungszeit. Die native Baumwolle zum Vergleich braucht ca. 120 min bis zur vollständigen Acetylierung. Da die Acetylierung der behandelten Baumwolle sowie der nativen Baumwolle nach dem Verfahren (a) sehr schnell verläuft, erhält man nach relativ kurzer Zeit das Triacetat nicht nur für die aktivierte Baumwolle, sondern auch für das native Produkt. Um den Unterschied zwischen der Reaktionsfähigkeit der beiden Zustände, d. h. des aktivierten und des nativen Zustandes, besser erfassen zu können, wurde die Acetylierung der mit flüssigem Ammoniak, Äthylendiamin, Ammoniaklösung mit 55% NH_3 behandelten Baumwolle auch nach dem Verfahren (d) 10 Tage durchgeführt.

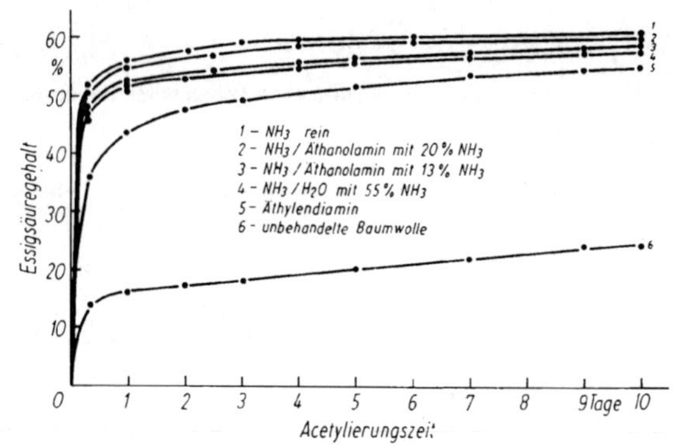

Bild 2. Einfluß der Quellmittelbehandlung auf die Acetyliergeschwindigkeit (nach dem Acetylierungsverfahren d)

Bild 2 zeigt, daß die mit flüssigem Ammoniak und Ammoniak/Äthanolamin-Lösung mit 20% NH_3 behandelten Proben die höchste Acetylierungsgeschwindigkeit besitzen. Sie erreichen einen Essigsäuregehalt von 60 bis 61%. Die mit Äthanolamin/Ammoniak-Lösung mit 13% NH_3, wäßriger Ammoniaklösung mit 55% NH_3 oder Äthylendiamin behandelte Baumwolle läßt sich langsamer acetylieren als die vorherigen Proben, erreicht aber auch einen relativ hohen Essigsäuregehalt von ca. 55% nach zehntägiger Acetylierung. Zum Vergleich erreicht die native Probe nur 24% Essigsäuregehalt in derselben Zeit.

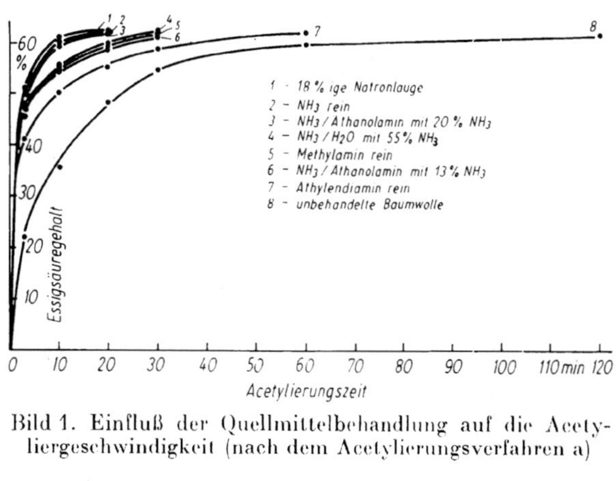

Bild 1. Einfluß der Quellmittelbehandlung auf die Acetyliergeschwindigkeit (nach dem Acetylierungsverfahren a)

3.2. *Verhornung und Reaktivierung der mit Ammoniaklösung behandelten Baumwolle*

In der celluloseverarbeitenden Industrie ist es allgemein bekannt, daß Cellulosematerialien bei scharfem Trocknen in ein reaktionsträges Produkt übergehen. Diese unliebsame Erscheinung wird als „Verhornung" bezeichnet. Verhornte Cellulose läßt sich jedoch durch geeignete Behandlung mit Wasser wieder in einen reaktionsfähigen Zustand bringen. Eine derartige Verhornung findet bevorzugt an regenerierter Cellulose statt.

Die mercerisierte Baumwolle, die nach dem Auswaschen getrocknet wird, läßt sich technisch überhaupt nicht acetylieren. Das Material ist derart verhornt, daß die Reaktion nicht zu Ende geführt wird. Befeuchtet man hingegen die verhornte Cellulose vorher mit Wasser, behandelt sie mehrmals mit trockenem Pyridin und acetyliert dann die pyridinfeuchten Fasern, so erhält man Acetate mit einem hohen Acetyl-

Faserforschung und Textiltechnik 25 (1974) Heft 2
Zeitschrift für Polymerforschung

Tabelle 1. Der Einfluß der Verhornung und der Reaktivierung auf die Acetylierungsgeschwindigkeit der mit Quellmittel behandelten Baumwolle

Acetylierungs-verfahren	Quellmittel	Acetylierungszeit in min 3	10	20	30	60
		Essigsäuregehalt in %				
—	unbehandelte Baumwolle zum Vergleich	22	34		48	57
a	18%ige NaOH	52	60	62,5	62,5	62,5
	flüssiges NH_3	51	59	62,5	62,5	62,5
	Methylamin	46	55	59	62,5	62,5
	wäßrige Ammoniaklösung	46	56	60	62,5	62,5
	Äthylendiamin	41	50	53	59	62,5
b	18%ige NaOH	—	—	—	—	26
	flüssiges NH_3	—	20	—	26	31
	Methylamin	—	—	—	—	47
	wäßrige Ammoniaklösung	11	—	—	—	40
	Äthylendiamin	34	45	47	52	58
c	18%ige NaOH	51	60	62,5	62,5	62,5
	flüssiges NH_3	48	57	62	62,5	62,5
	Methylamin	39	51	55	60	62,5
	wäßrige Ammoniaklösung	41	52	56	60	62,5
	Äthylendiamin	39	52	55	59	61

gehalt. Durch die Wasserbehandlung ist die Verhornung aufgehoben worden. Dieselbe mercerisierte Baumwolle, die ohne Trocknen weiterverarbeitet wird, indem das Wasser durch Essigsäure verdrängt wird, läßt sich jedoch ausgezeichnet und besonders rasch acetylieren [2].

Loeb und *Segal* [2] haben festgestellt, daß sich die mercerisierte, mit Wasser gewaschene und danach getrocknete Baumwolle langsamer als die mit Äthylamin behandelte und danach getrocknete Baumwolle acetylieren läßt. Die Acetylierungsgeschwindigkeit der mercerisierten Baumwolle beträgt nur 1/7 der Acetylierungsgeschwindigkeit der mit Äthylamin behandelten Baumwolle, d. h., daß die mercerisierte, mit Wasser gewaschene und getrocknete Baumwolle stärker verhornt ist als die mit Äthylamin behandelte und getrocknete Baumwolle.

Tabelle 1 zeigt einen Vergleich zwischen der Einwirkung von verschiedenen bekannten Quellmitteln, wie 18%ige Natronlauge, flüssiges Ammoniak, Methylamin, Äthylendiamin und wäßrige Ammoniaklösung mit 55% Ammoniak, auf die Reaktivität der Baumwolle bei der Acetylierung nach dem Verfahren (a), (b) und (c).

Die Acetylierungsgeschwindigkeit der verhornten Baumwolle (Tabelle 1, Spalte b) unterscheidet sich nach der Quellmittelart, d. h., daß die Quellmittel unterschiedliche Wirkung auf die Verhornung der Baumwolle haben.

Mit Natronlauge behandelte und getrocknete Cellulose zeigt die niedrigste Accessibilität von allen anderen verhornten Celluloseproben. Die Verhornungswirkung von den anderen untersuchten Quellmitteln nimmt von flüssigem Ammoniak über wäßrige Ammoniaklösung bis Methylamin ab. Nur die mit Äthylendiamin behandelten, mit Wasser gewaschenen und danach getrockneten Proben lassen sich etwas schneller als die nativen Proben acetylieren. Die Acetylierungsgeschwindigkeit der behandelten Proben, die nach der Behandlung mit Wasser gewaschen und nach Austausch des Wassers durch Essigsäure acetyliert wurden (Verfahren a), zeigen im Gegensatz zu den verhornten Proben eine sehr hohe Reaktivität. Mit Natronlauge behandelte Proben besitzen die höchste Accessibilität, dann kommen die mit flüssigem Ammoniak, wäßriger Ammoniaklösung, Methylamin und Äthylendiamin behandelten Proben.

Die Verhornung nach dem Auswaschen des Aktivierungsmittels und dem Trocknen der Cellulose scheint um so stärker in Erscheinung zu treten, je weiter die Aktivierungsmittel in das Cellulosegitter eindringen können (vgl. [10]). Durch eine Wasserbehandlung läßt sich die Verhornung teilweise wieder aufheben, wobei die Reaktivität der mit Wasser behandelten verhornten Baumwolle nur wenig geringer als die der nie getrockneten Proben ist und die Accessibilität auch in ähnlicher Weise wie bei den nie getrockneten Proben in der Reihenfolge Natronlauge, Ammoniak, wäßrige Ammoniaklösung, Methylamin bis Äthylendiamin abnimmt.

4. *Zusammenfassung*

Der Einfluß einer Behandlung von Baumwolle mit Natronlauge, Methylamin, Äthylendiamin, Ammoniak und Ammoniaklösungen hinsichtlich der Aktivierungswirkung für die Cellulosetriacetatherstellung wurde untersucht. Hierbei ergab sich, daß die mit Ammoniaklösung behandelten Proben bei der Acetylierung nach allen Acetylierungsverfahren eine Zwischenstellung zwischen Natronlauge und flüssigem Ammoniak einerseits und Methylamin und Äthylendiamin andererseits einnehmen. Diese Ergebnisse zeigen die Möglichkeit, wäßrige Ammoniaklösungen als Aktivierungsmittel für Cellulose bei der Acetylierung zu benutzen. Die Anwendung von wäßriger Ammoniaklösung hat viele Vorteile gegenüber der Anwendung von Natronlauge, flüssigem Ammoniak, reinen Aminen oder Aminlösungen in organischen Lösungsmitteln, wie z. B. geringer Preis, einfache Regenerierung, kein Celluloseabbau.

Wird die mit Aktivierungsmitteln behandelte Cellulose nach dem Auswaschen des Aktivierungsmittels getrocknet, so tritt eine Verhornung ein, deren Ausmaß um so größer ist, je stärker das Quellmittel die Cellulosestruktur verändert hat. 55%ige wäßrige Ammoniaklösung nimmt auch in dieser Beziehung eine Mittelstellung zwischen Natronlauge und flüssigem Ammoniak sowie Methylamin und Äthylendiamin ein. Durch eine Wasserbehandlung läßt sich die Verhornung größtenteils wieder rückgängig machen.

Literatur

[1] *Warwicker, J. O., Jeffries, R., Colbran, R. L.*, und *Robinson, R. N.*: A review of the literature on the effect of caustic soda and other swelling agents on the fine structure of cotton. Shirley Institute Pamphlet No. 93 (1966).

[2] *Loeb, L.*, und *Segal, L.*: The chemical reactivity of ethylamine-treated cotton as indicated by acetylation. Textile Res. J. **24** (1954) S. 654–658.

[3] *Klenkova, N. I.*: Umsetzungen von Cellulose mit Aminen als aussichtsreicher Weg für die Aktivierung der Cellulose und die Steigerung ihrer Reaktionsfähigkeit bei den Prozessen zur Herstellung der verschiedenartigen Derivate. Ž. prikl. Chimii. (Z. angew. Chemie) **40** (1967) 10, S. 2191–2208.

[4] *Masura, V.:* Beitrag zur Frage der Bestimmung der Reaktionsfähigkeit von Cellulose. Papír a Celulóza, Praha **17** (1962) S. 213.

[5] *Bernardy, G.:* Über die Einwirkung von Ammoniak auf Baumwollcellulose. Z. angew. Chemie **38** (1925) S. 1195 bis 1197.

[6] *Barry, A. J., Peterson, F. C.,* und *King, A. J.:* X-ray studies of reactions of cellulose in nonaqueous systems. I. Interaction of cellulose and liquid ammonia. J. amer. chem. Soc. **58** (1936) S. 333–337.

[7] Liquid ammonia treatment of cellulose textiles. Papers presented at the Conference at Belle Vue, Manchester/England, Thursday 17th November 1970. Published by the Shirley Instituts, Manchester/England.

[8] *Loeb, L.,* und *Segal, L.:* The treatment of cotton cellulose with aqueous solutions of ethylamine. Textile Res. J. **25** (1955) S. 516–519.

[9] *Koura, A.,* und *Schleicher, H.:* Untersuchungen zur Quellung und Lösung von Cellulose in aminhaltigen Flüssigkeitsgemischen. 5. Mitt.: Zur Strukturveränderung von Cellulose durch Ammoniaklösungen. Faserforsch. u. Testiltechnik **24** (1973) 2, S. 82–86.

[10] *Koura, A., Schleicher, H.,* und *Philipp, B.:* Untersuchungen zur Quellung und Lösung von Cellulose in aminhaltigen Flüssigkeitsgemischen. 6. Mitt.: Zur Strukturveränderung von Cellulose durch Amine und Aminlösungen. Faserforsch. u. Textiltechnik **24** (1973) 5, S. 187–194.

Eingegangen am 23. Oktober 1973

Die Pfropfung von Wollfasern mit Vinylmonomeren bei gleichzeitiger Einwirkung von elektrischen Entladungen und UV-Strahlen

Otilia Mâlcomete, Technische Hochschule Jassy, VR Rumänien,
Jaqueline Derminot, Institut Textile de France, und
Cristofor Simionescu, Technische Hochschule Jassy, VR Rumänien

DK 677.31:547.313.2.024.3:677.862.25:677.014.87:677.017.84:677.019.36

Die Untersuchungen betreffen die Veränderungen der Wollfasern in bezug auf Massezunahme, aminosaure Bestandteile und übermolekulare Struktur bei gleichzeitiger Einwirkung von elektrischen Entladungen und UV-Strahlen.

О прививке виниловых мономеров к натуральной шерсти в условиях одновременного воздействия электрических разрядов и УФ-излучения

Изучены изменения шерстяных волокон (привес, аминокислотный состав, надмолекулярная структура) в процессе прививки при одновременном воздействии электрических разрядов и УФ-излучения.

Grafting of Vinyl Monomers onto Wool Fibers by simultaneous Action of Electrical Charges and UV Radiation

The changes in weight, amino acid components and supramolecular structure in wool fibers by simultaneous action of electrical charges and UV radiation have been investigated.

Es ist bereits bekannt, daß Oberflächenveränderungen und einige Verbesserungen der physikalisch-mechanischen Eigenschaften der Textilfasern auftreten, wenn letztere eine begrenzte Zeitspanne der Einwirkung elektrischer, von einem Luftkondensator erzeugter Entladungen (Effluvien) ausgesetzt werden. Den Kondensatorplatten wird zu diesem Zweck eine genügend hohe Erregerspannung zugeführt, um das Erscheinen solcher Entladungen zu ermöglichen [1, 2].

Diese Veränderungen scheinen ein Ergebnis der von den elektrischen Entladungen erzeugten fotochemischen Wirkung zu sein. In Anwesenheit des molekularen Sauerstoffs, welcher der Photolyse der von elektrischen Entladungen bewirkten Strahlungen ebenfalls unterworfen wurde, reagieren die im organischen Material durch die Spaltung einiger chemischer Verbindungen entstandenen freien Radikale sehr rasch mit den Aktivierungs- und Dissoziationssubstanzen des Sauerstoffs.

Bei den Keratinfasern trifft man das in den äußeren Schichten der Fasern lokalisierte Cystin. in Cystinsäure umgewandelt, an, die sich während den Entladungen in Anwesenheit des Sauerstoffs bildete.

Wird unter Atmosphärendruck gearbeitet, ist es schwieriger, die Homogenität der elektrischen Entladungen zu wahren. Um diesen Nachteil zu verringern und um das Gas zwischen den Kondensatorplatten zusätzlich zu aktivieren, wurde eine Kombinationsbehandlung der elektrischen Entladungen mit einer oder mehreren ionisierenden elektromagnetischen Strahlungen hochenergetischer (γ-, X-Strahlen) oder niederenergetischer (ultraviolette bzw. infrarote Strahlen) Art unternommen [3].

Die Wirkung der ultravioletten Strahlen auf die makromolekularen Verbindungen (Cellulosefasern, Wolle usw.) ist auch schon bekannt. Diese Wirkung zeigt sich auf molekularer Ebene [3, 5, 6] (im Falle der Wollfasern entstehen freie Radikale photochemisch, im allgemeinen durch das Zerreißen der Cystinbrücken) und bei Thyrosin [7] oder auf übermolekularer Ebene [8].

Bis zu diesem Zeitpunkt wurden in der Fachliteratur die Veränderungen der Wollfasern durch Pfropfen unter der gemeinsamen Wirkung von elektrischen Entladungen und ultravioletten Strahlen nicht erwähnt.

Vorliegender Aufsatz behandelt nun die Pfropfung der Wollfasern „Tzigaia" mit Vinylmonomeren (Styrol und Vinylidenchlorid) unter der gleichzeitigen Einwirkung zweier Arten von niederenergetischen Strahlen: elektrische Entladungen und ultraviolette Strahlen. Der größte Teil der experimentellen Untersuchungen wurde im Oktober bis Dezember 1972 im Institut Textile de France durchgeführt.

Die Aktivierung der Wollfasern wurde unter folgenden Bedingungen erreicht:

Tabelle 1. Massezunahme des gepfropften Copolymerisats

Aktivierungsdauer min	Mit Styrol gepfropfte Wolle %	Mit Vinylidenchlorid gepfropfte Wolle %
1	6,89	9,25
3	6,29	8,16
5	—	7,10

Tabelle 2. Abbau der aminosauren Bestandteile

Aminosäuren	Blindprobe	Mit elektr. Entladungen und UV-Strahlen bestrahlte Wolle			Mit Vinylidenchlorid gepfropfte Wolle			Mit Styrol gepfropfte Wolle	
	mol/gW	1 min	3 min	5 min	1 min	3 min	5 min	1 min	3 min
1. Cysteinsäure	47	37	40	48	51,5	63	56	40	56,5
2. Methioninsulfoxid	T	T	T	5,7	3	T	T	T	T
3. Aspartsäure	517	502	500	486	479	480	470	489	520
4. Threonin	513	562	548	548	559	541	480	509	P + Threonin
5. Serin	936	888	913	913	898	902	874	887	936
6. Glutaminsäure	985	917	959	980	923	950	901	940	968
7. Glycin	591	585	612	600	598	581	602	578	623
8. Alanin	456	415	415	419	414	409	372	456	437
9. Lanthionin	35	34,3	31,2	29,1	28,4	34	25	28,8	34,9
10. Valin	426	419	424	407	412	408	383	428	426
11. Cystin/2	762	754	728	698	732	732	698	825	740
12. Methionin	31,1	30	35	28,9	34,7	31,4	28,5	28,5	34
13. Isoleucin	246	244	258	239	264	231	242	262	247
14. Leucin	652	613	612	621	618	584	550	668	652
15. Tyrosin	254	269	270	270	267	253	229	282	264
16. Phenylalanin	203	209	211	202	205	201	193	213	207
17. Lysin/Alanin		8,3	7,2	6,7	7	T	T	8	T
18. Lysin	205	202	202	197	187	188	188	207	202
19. Hystidin	56,8	61,7	62	57,6	57,4	50,8	46,4	57,3	55,2
20. Arginin	515	528	547	539	529	483	528	580	546
21. Ornithin	—	—	—	—	—	—	—	—	—

T = undosierbare Spuren
P = unbekannte Zusammensetzungen

Mit einer für die Erzeugung von elektrischen Entladungen bei Atmosphärendruck geeigneten Maschine IONAUMAT I.T.F., an die 16 Quecksilberdampfröhren ($\lambda = 2735$ Å) angeschlossen wurden [2].
Aktivierungsdauer: 1, 3, 5 min.,
statisches System.

Die aktivierten Proben wurden sofort in Glasröhren mit volumetrisch 1:1 Monomeres/Lösungsmittel-Gemischen (Styrol/Dioxan und Vinylidenchlorid/Toluol) eingeführt und mittels Durchperlen mit Hilfe eines inerten Gases (Stickstoff) entlüftet. Die geschlossenen Röhren wurden 24 h bei Zimmertemperatur aufbewahrt.

Das gepfropfte Copolymerisat, nach der Extraktion für das Homopolymere in selektivem Lösungsmittel abgesondert, weist eine Massezunahme auf, wie sie Tabelle 1 darstellt.

Aus der Untersuchung der aminosauren Beschaffenheit der Wolle ergibt sich, daß im Falle der gleichzeitigen Einwirkung der elektrischen Entladungen und UV-Strahlen der Abbau sehr gering ist. Dieser wird gekennzeichnet durch das Auftreten von Lysin/Alanin [9] (Tabelle 2).

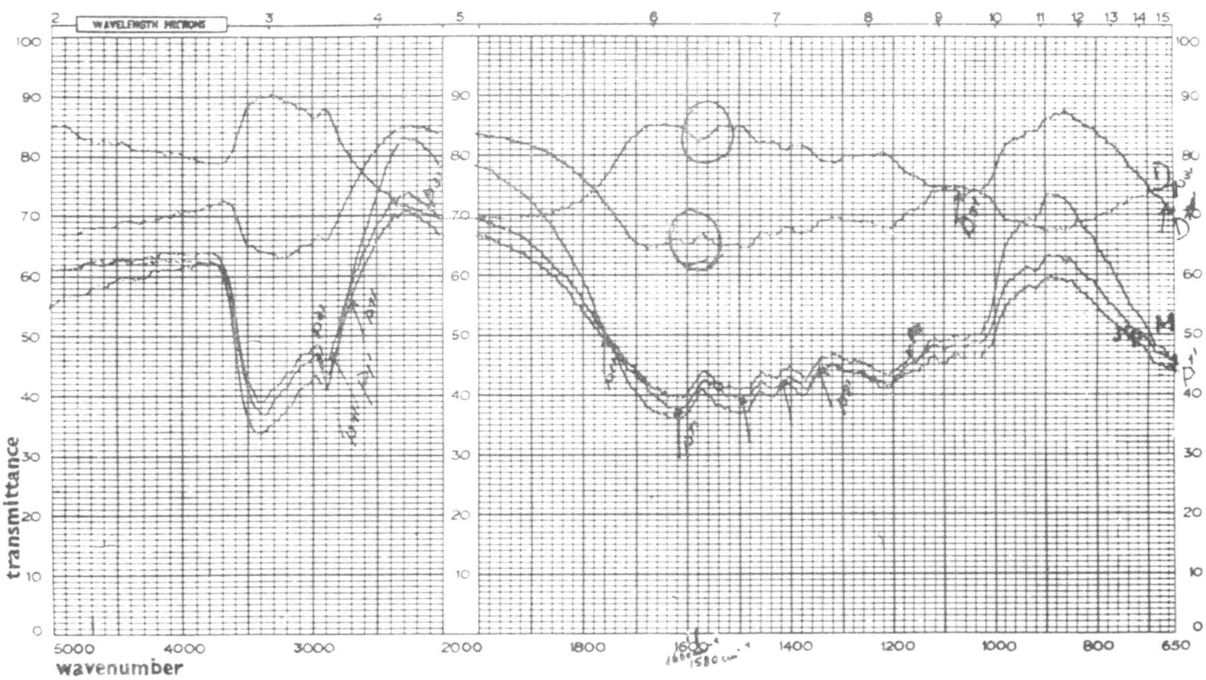

Bild 1. IR-Spektren der mit Styrol gepfropften Wollfasern nach 1 min Einwirkung elektrischer Entladungen und UV-Strahlen

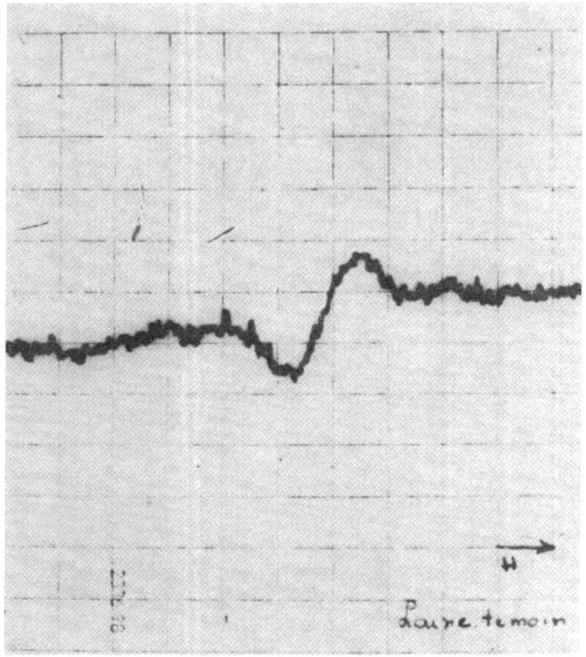

a

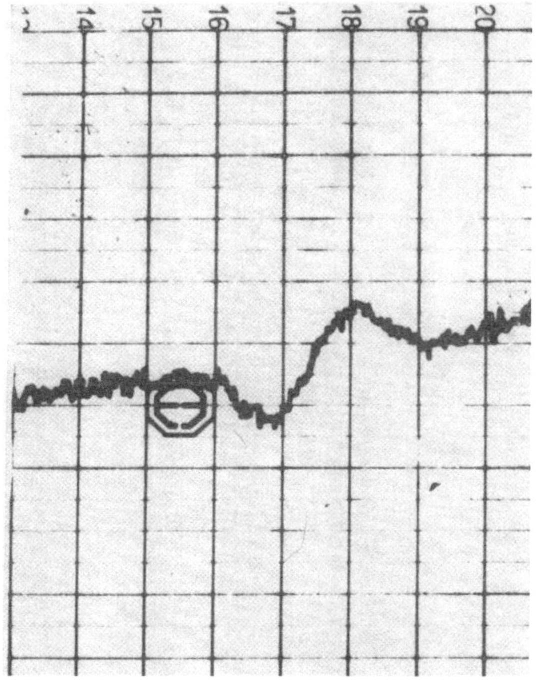

b

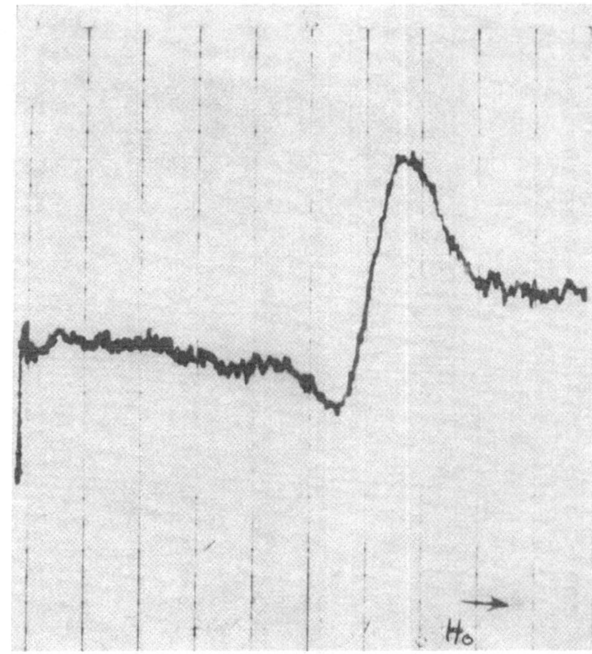

e

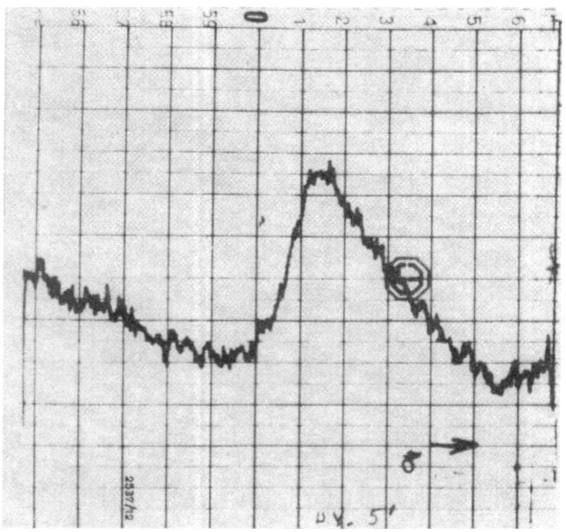

c

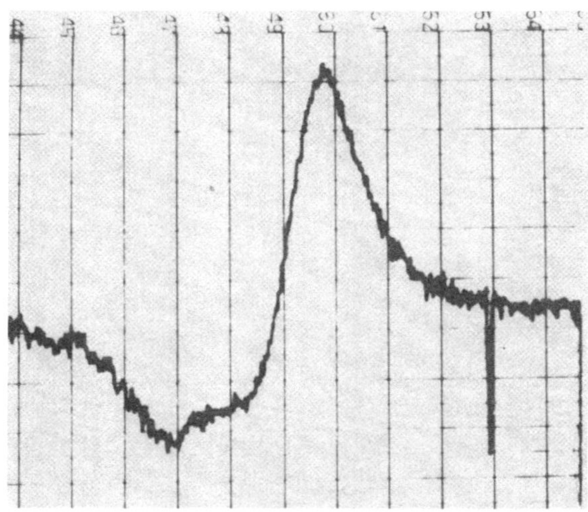

d

Bild 2. EPR-Spektren der mit Styrol gepfropften Wollfasern

a) unbehandelte Wollfasern
b) nach 5 min Einwirkung der elektrischen Entladungen
c) nach 5 min Einwirkung von UV-Strahlen
d) nach 5 min Einwirkung der elektrischen Entladungen und UV-Strahlen
e) nach 5 min Einwirkung von elektrischen Entladungen und UV-Strahlen und 20 h Alterung unter Umgebungsbedingungen

Faserforschung und Textiltechnik 25 (1974) Heft 2
Zeitschrift für Polymerforschung

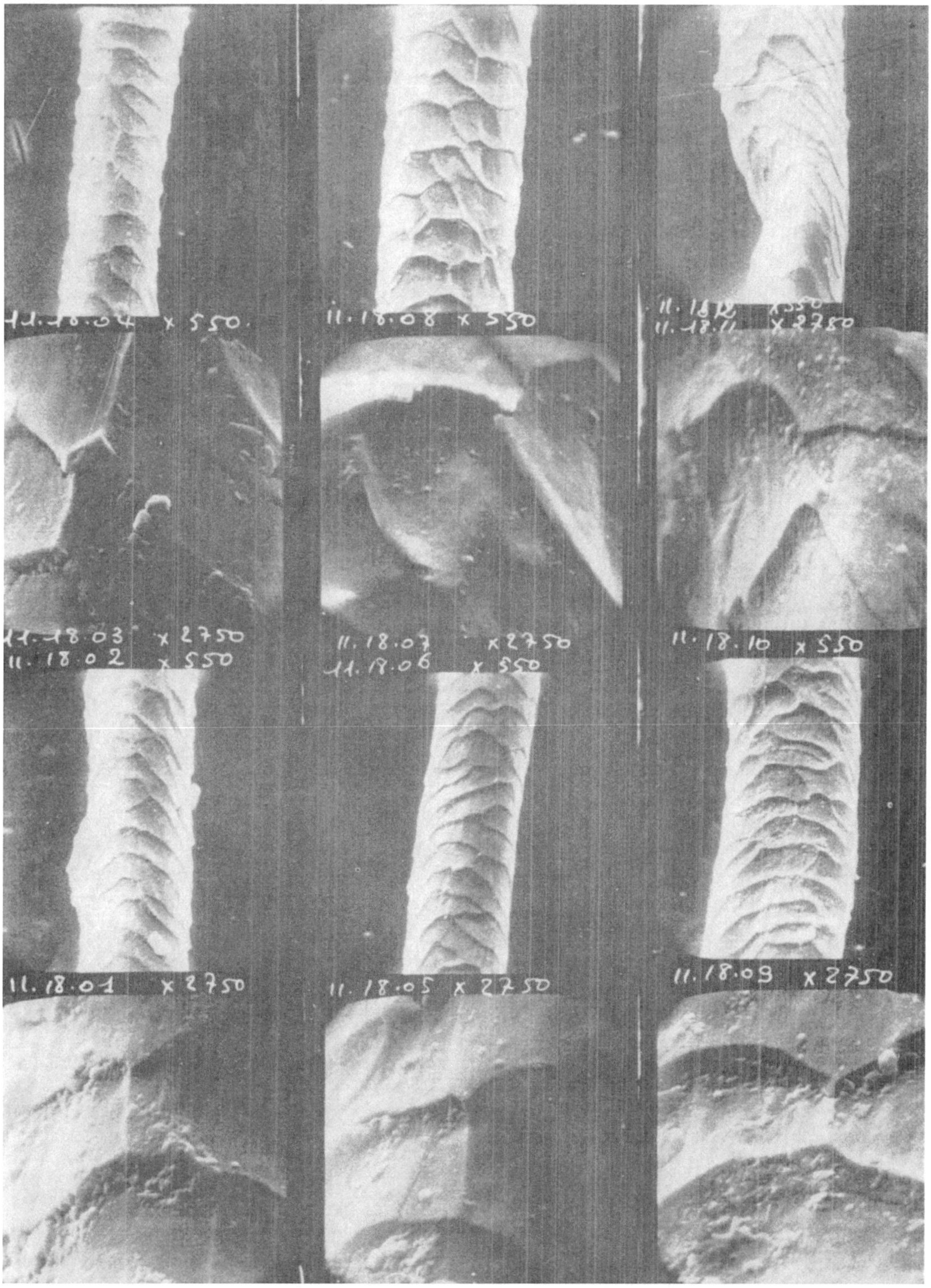

Bild 3. Elektronenmikroskopische Aufnahmen der Oberfläche der mit Vinylidenchlorid gepfropften Wollfasern

a) Blindprobe

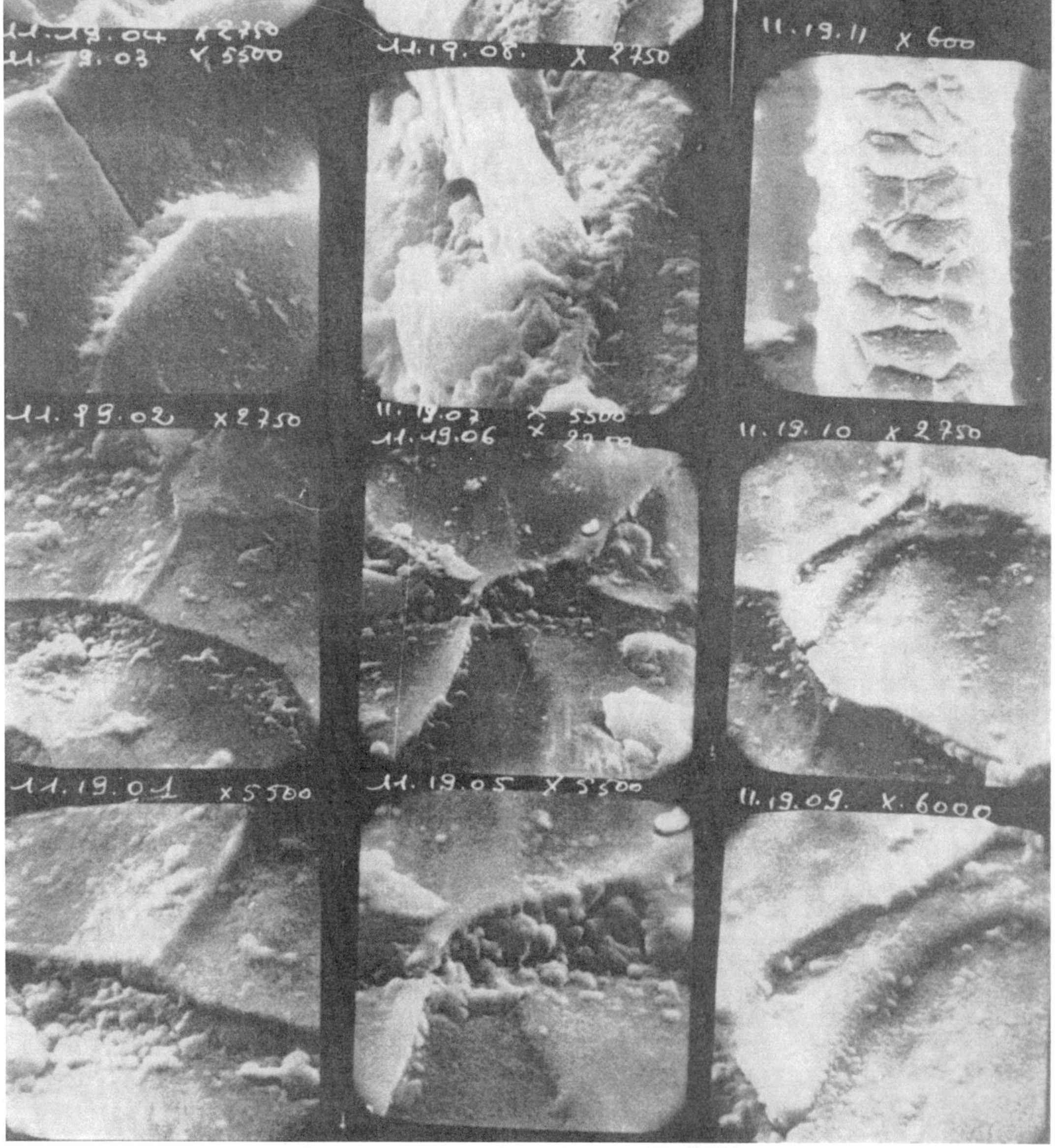

b) Gepfropfte Fasern

Tabelle 3. Übermolekulare Struktur unbehandelter und behandelter Wolle

	Großer Winkel Å			Kleiner Winkel
	Äquatorialebene		Meridianebene	
	a	c	b	Å
unbehandelte Wolle	4,71	10,17	5,21	47,94
mit Vinylidenchlorid gepfropfte Wolle (1 nm)	4,70	10,22	5,17	45,97

Die auf molekularer Ebene stattfindenden Veränderungen wurden auch durch Untersuchungen der IR-Absorptionsspektren (Bild 1) und der elektronenparamagnetischen Resonanz-Spektren (EPR) mittels Spektrometer BRUKER-BER-400 S (Bilder 2a bis 3) bewiesen.

Mittels der elektronischen Oberflächenmikroskopie der mit Vinylidenchlorid gepfropften Wollfasern beobachtet man ungleichmäßige Polymerablagerungen auf der Faseroberfläche (Bild 3a, b), und aus der Untersuchung der Querschnitte stellt man dieselben ungleichmäßigen Ablagerungen auf der schuppenförmigen Faserschicht fest. Veränderungen der übermolekularen Struktur der Kortikalzellen (Ortho- und Parakortex) (Bild 4a, b, c) wurden nicht festgestellt.

Aus der Analyse der Netzparameter ergeben sich auch keine Veränderungen der übermolekularen Struktur im Vergleich zu den unbehandelten Fasern (Tabelle 3).

Gegenstand der Untersuchungen bilden die besten Bedingungen der Aktivierung durch niederenergetische Strahlungen sowie die Bedingungen der Pfropfung, des Reaktionsmechanismus und die Kennzeichnung der gewonnenen Erzeugnisse unter Benutzung einer mannigfaltigen Reihe von Faserstoffen und Monomeren.

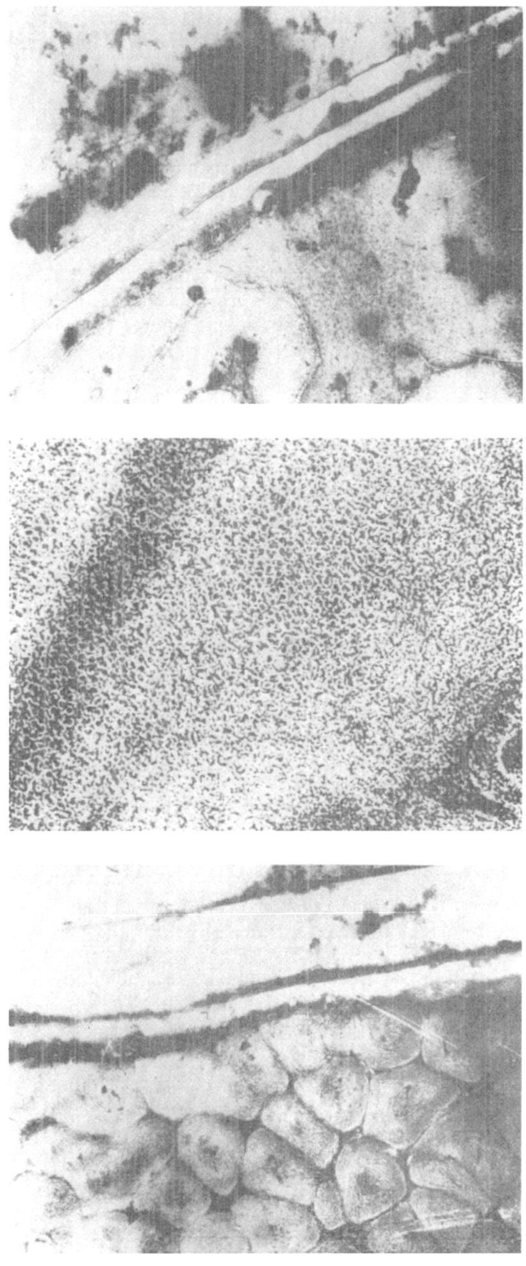

Bild 4. Struktur der Kortikalzellen von mit Vinylidenchlorid gepfropften Wollfasern

b) paracortex
c) orthocortex

Literatur

[1] FRP 1197146. Procédé pour l'amelioration des propriétés des materiaux textiles. Erf. P. Kassenbeck. Nov. 1959.

[2] *Kassenbeck, P.:* Le procédé d'effluviation et son application à la laine. Publ. Inst. Textile France (1964) 110, S. 7–33.

[3] FRP 1582162. Procédé pour le traitement des hauts polymères organiques naturels ou synthétiques, sous forme de nappe, film ou fibres et dispositif de mise en oeuvre. Inh: Institut Textile de France. C 08j, D 06c; D 06m. 26. Sept. 1969.

[4] *Simionescu, Cr., Feldman, D.,* und *Oprea, S.:* Untersuchungen über die Pfropfung des Polyvinylchlorids auf Zellwolle und deren Derivate. Studii şi cercetări de Chimie. **12** (1964) 1. Ed. Acad. R.P.R.

[5] *Ishibashi, H.,* und *Oku, M.:* Graft polymerization of styrene to wool by U. V. irradiation. IIIe Congrès Internat. de la Res. Textile Lanière. Paris 1965, Section 3, S. 385.

[6] *Di Modica, G.:* Radiations et fibres textiles. Teintex, Paris **34** (1969) 10, S. 680–692.

[7] *Windle, John J.:* Origin of free radicals in wool. Technical Wool Conference, Held May 13–15 1964 at San Francisco, and Albany-California Agricultural Research Service — United States, Departement of Agriculture.

[8] *Rozmarin, Gh., Lazaro, R., Quiles, J. P.,* und *Le Nest, J. F.:* Contribution à l'étude de la destruction photochimique de la cellulose". Bul. Inst. politehnic Iasi, Sectia II Chimie, tom XVI (XX), fascicola 1–2, 1970.

[9] *Derminot, J., Tasdhomme, M.,* und *Allard, N.:* Contribution à l'étude du dosage de la lysinoalanine dans les hydrolysats de laine. Bull. Inst. Textile France **24** (1970) 146, S. 71–80.

Eingegangen am 21. Mai 1973

Faserforschung und Textiltechnik 25 (1974) Heft 2
Zeitschrift für Polymerforschung

Die Pfropfung von Wollfasern mit Vinylmonomeren mittels Diazosalzen

Otilia Mâlcomete, Technische Hochschule Jassy, SR Rumänien

Jaqueline Derminot, Institut Textile de France, und

Cristofor Simionescu, Technische Hochschule Jassy, VR Rumänien

DK 677.31:547.313.2.024.3:677.862.25:677.842.35:66.095.834:542.92

Die Pfropfung der Wollfasern durch Färben mit Reaktivfarbstoffen, anschließende Reduzierung und Diazotierung wurde mit der durch unmittelbare Diazotierung der Wolle verglichen. Dabei zeigte sich, daß das Pfropfungsverfahren mit unmittelbarer Diazotierung der Wolle eine Reihe von Behandlungen vermeidet, die Wollfasern abbauen.

Прививка винильных мономеров к шерстяному волокну с применением диазосолей

Проведено сравнение процессов прививки винильных мономеров к шерстяному волокну путем крашения реактивными азокрасителями, последующего восстановления и диазотирования, с одной стороны, и непосредственного диазотирования шерсти, с другой. При этом установлено, что метод непосредственного диазотирования позволяет избежать ряда обработок шерсти, вызывающих деструкцию шерстяного волокна.

Grafting of Vinyl Monomers onto Wool Fibres by Diazo Salts

The grafting of wool by dyeing with reactive dyes followed by reduction and diazotising was compared with grafting by direct diazotising of wool. In grafting by direct diazotising some processing steps are avoided which are accompanied by degradation of wool.

Die Pfropfverfahren der natürlichen und Chemiefaserstoffe durch Reaktivfarbstoffe sind bereits bekannt. Grundsätzlich bestehen diese Methoden in der Bildung von funktionellen Gruppen von der Art der Diazosalze, die durch Färben von Reaktivfarbstoffen, die Reduktion und Diazotierung der Fasern gebildet wurden und zum Erscheinen von Makroradikalen führen können sowie den Polymerisationsprozeß der Vinylmonomeren einleiten. So wurde die Pfropfung von Cellulosefaserstoffen (Baumwolle, Viskose usw.) [1, 2] wie auch die der Alginatfasern (Calciumalginat) [3] durchgeführt.

Im vorliegenden Aufsatz wird das Pfropfen der Wollfasern (Tzigaiawolle Sorte 21) mit verschiedenen Vinylmonomeren (Acrylnitril und Vinylidenchlorid) in zwei Formen dargestellt:

a) Die Wollfasern wurden mit Reaktivfarbstoffen von der Art CIBACRON und LANASOL gefärbt, danach reduziert und diazotiert.
b) Die Wollfasern wurden unmittelbar (ohne Färbung und Reduktion) diazotiert. Der Mechanismus der Reaktion erfolgte nach folgendem Schema: [s. nebenstehende Skizze]

In beiden Fällen wurden die Fasern der Pfropfreaktion folgenden Bedingungen unterzogen:

Monomeres: Acrylnitril (7% wäßrige Lösung, CuCl 0,1%, Durchperlen mit Stickstoff 5 min),
Monomeres: Vinylidenchlorid (Monomerlösung/Dioxan, 1:1 volumetrisch),
Pfropfungsdauer 20 h bei 80 °C.

Die aus der Reaktion entnommenen Proben wurden im Falle des monomeren Acrylnitrils mit Dimethylformamid (DMF) extrahiert und im Falle von Vinylidenchlorid mit Toluol.

Die auf molekularer Ebene erfolgten Umgestaltungen des aktivierten Trägerpolymeren, sowohl durch Diazotieren[1]) nach dem Färben und Reduktion als auch direkt im Vergleich mit der Blindprobe, ebenso wie auch des gepfropften Polymeren, wurden in der aminosauren Zusammensetzung untersucht (siehe Tabelle 1).

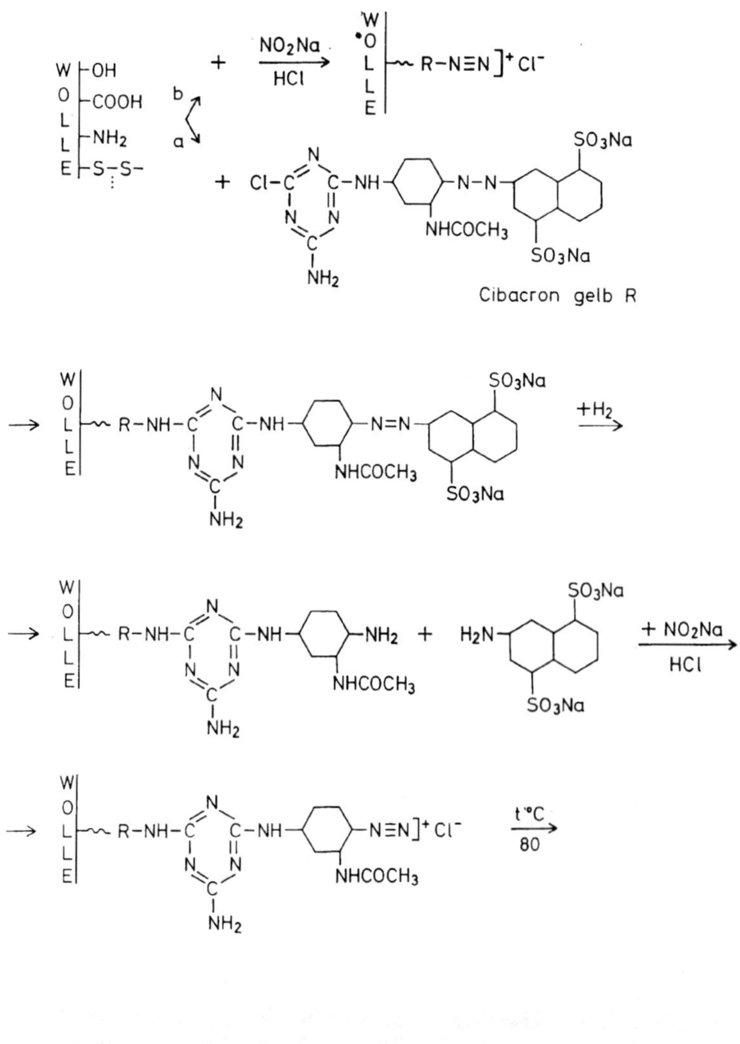

[1]) Die Diazotierung wurde auf zwei Arten durchgeführt: normale Diazotierung und starke („forte") Diazotierung.

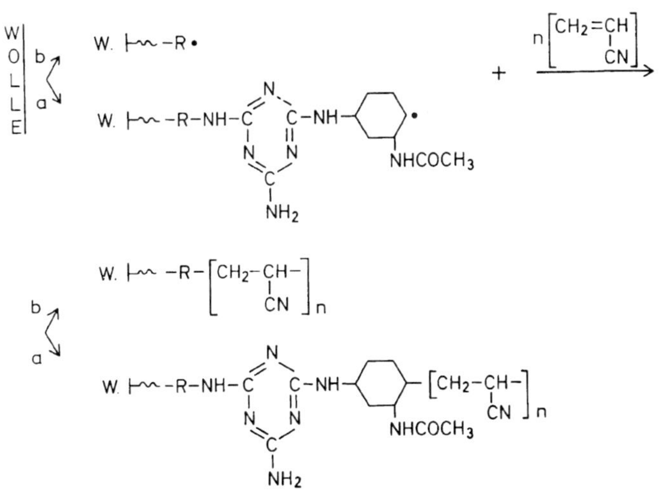

Aus der Untersuchung der Aminosäuren ergibt sich, daß an der Vergleichswolle (b) ein relativer Abbau durch Oxydation erfolgt.

Im Falle der Pfropfung der Wollfasern mittels Diazosalzen treten auch Abbauprodukte auf, die eine Folge des Diazotierens, insbesondere des „forte"-Diazotierens, zu sein scheinen. Gleichzeitig werden auch unbekannte Zusammensetzungen beobachtet, ohne Zweifel als Folge der Pfropfung (Tabelle 2).

Die chemischen Änderungen sind auch in der IR-Spektroskopie durch Erscheinen eines Maximums in der Bande 2240 cm^{-1} (ν C≡N) sowohl für die nach dem Färben, der Reduktion und Diazotierung gepfrofte Wolle als auch für die nur nach der Diazotierung gepfropfte Wolle ersichtlich (Bilder 1a bis d).

Die durch elektronenmikroskopische Aufnahmen der Oberfläche erhaltenen Angaben zeigen sowohl einige Veränderungen der Schuppenstruktur der Wollfasern wie auch einige Ablagerungen von Polymeren (Bild 2. Vgl. die Blindprobe S. 63, Bild 3a).

Aus der Beobachtung der Querschnitte (500 Å) sind keine Änderungen der übermolekularen und morphologischen Strukturen der Wollfasern (Bilder 3a, b, c)

Tabelle 1. Untersuchung des Trägerpolymeren und des gepfropften Polymeren

Amino-Säuren µmol/g Wolle	Blindprobe	Polymerträger, aktiviert durch Normaldiazotierung: Ungefärbte Wolle diazotiert	Normaldiazotierung: Wolle gef. mit CIBACRON	Normaldiazotierung: Wolle gef. mit LANASOL	starke Diazotierung: Ungefärbte Wolle diazotiert	starke Diazotierung: Wolle gef. mit CIBACRON	starke Diazotierung: Wolle gef. mit LANASOL	Gepfropftes Polymeres mit: Polyacryllnitril[1]: Ungefärbte Wolle	Polyacryllnitril[1]: Wolle gef. mit CIBACRON	Polyacryllnitril[1]: Wolle gef. mit LANASOL	Polyvinylidenchlorid[2]: Ungefärbte Wolle	Polyvinylidenchlorid[2]: Wolle gef. mit CIBACRON	Polyvinylidenchlorid[2]: Wolle gef. mit LANASOL
1. Cysteinsäure	47	59	83	78	144	355	265	41	58	64	130	274	524
2. Methionin/ Schwefeloxid	T	5	7	T	4,8	T	21	16,3	—	15,5	4,4	—	24,4
3. Aspartsäure	517	493	487	470	494	530	487	514	478	501	469	449	491
4. Threonin	513	545	547	516	531	529	518	551	510	554	535	463	551
5. Serin	936	931	902	875	895	950	888	949	858	872	877	736	865
6. Glutaminsäure	985	917	943	919	913	965	901	1012	931	969	905	825	962
7. Glycin	591	590	562	568	603	572	605	610	586	599	586	480	583
8. Alanin	456	416	414	413	411	392	413	425	412	419	401	359	415
9. Lanthionin	35	21,4	20,3	25	28,8	24,1	25,9	26,7	24	30,6	19,7	24	14
10. Valin	426	395	426	403	397	404	402	436	399	408	398	401	411
11. Cystin/2	762	686	732	629	617	474	489	769	604	589	669	416	320
12. Methionin	31,1	26,6	25,3	27	28,1	27,8	24,8	20,1	30	27,7	29,3	31	12,8
13. Isoleucin	246	241	246	244	228	241	232	248	230	258	229	245	228
14. Leucin	652	608	635	616	612	601	625	642	631	651	588	566	589
15. Thyrosin	254	237	235	241	167	183	182	266	220	246	188	170	109
16. Phenyl/Alanin	203	203	204	200	206	199	197	207	196	202	199	184	187
17. Lysin/Alanin		7,6	T	7	6,7	T	T	—	—	—	—	—	—
18. Lysin	205	198	197	189	177	187	172	72,8	80	75,9	145	164	155
19. Hystidin	56,8	56,3	54,4	54	50	54,3	49,1	0	0	0	43,8	59,5	35,4
20. Arginin	515	533	521	496	269	230	215	578	524	543	226	186	199
21. Ornithin	—	—	—	—	129	182	169	—	—	—	114	171	148
22. P	—	—	—	—	P	P	P	P	P	P	P	P	P

P = unbekannte Zusammensetzungen
T = unbestimmbare Spuren

[1]) normale Diazotierung
[2]) starke Diazotierung

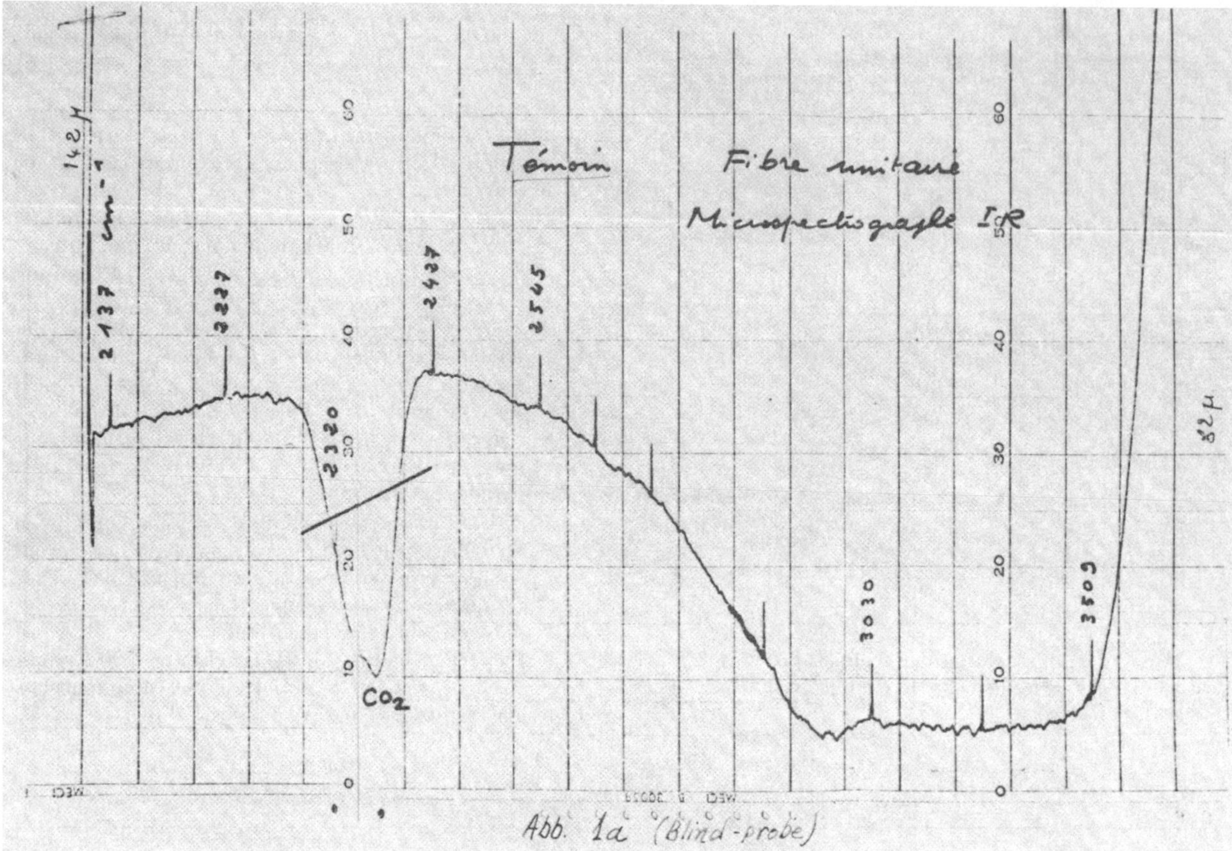

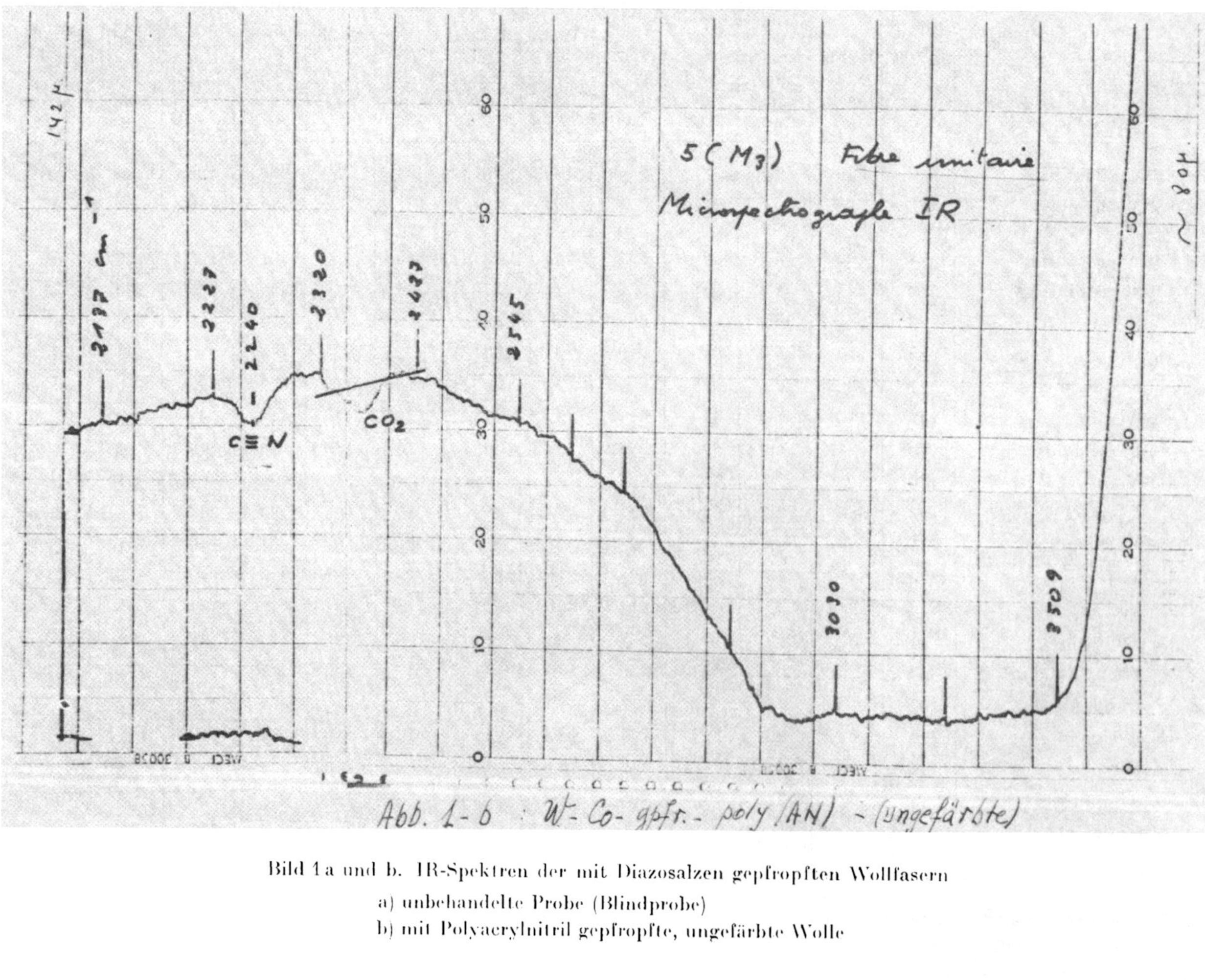

Bild 1a und b. IR-Spektren der mit Diazosalzen gepfropften Wollfasern
a) unbehandelte Probe (Blindprobe)
b) mit Polyacrylnitril gepfropfte, ungefärbte Wolle

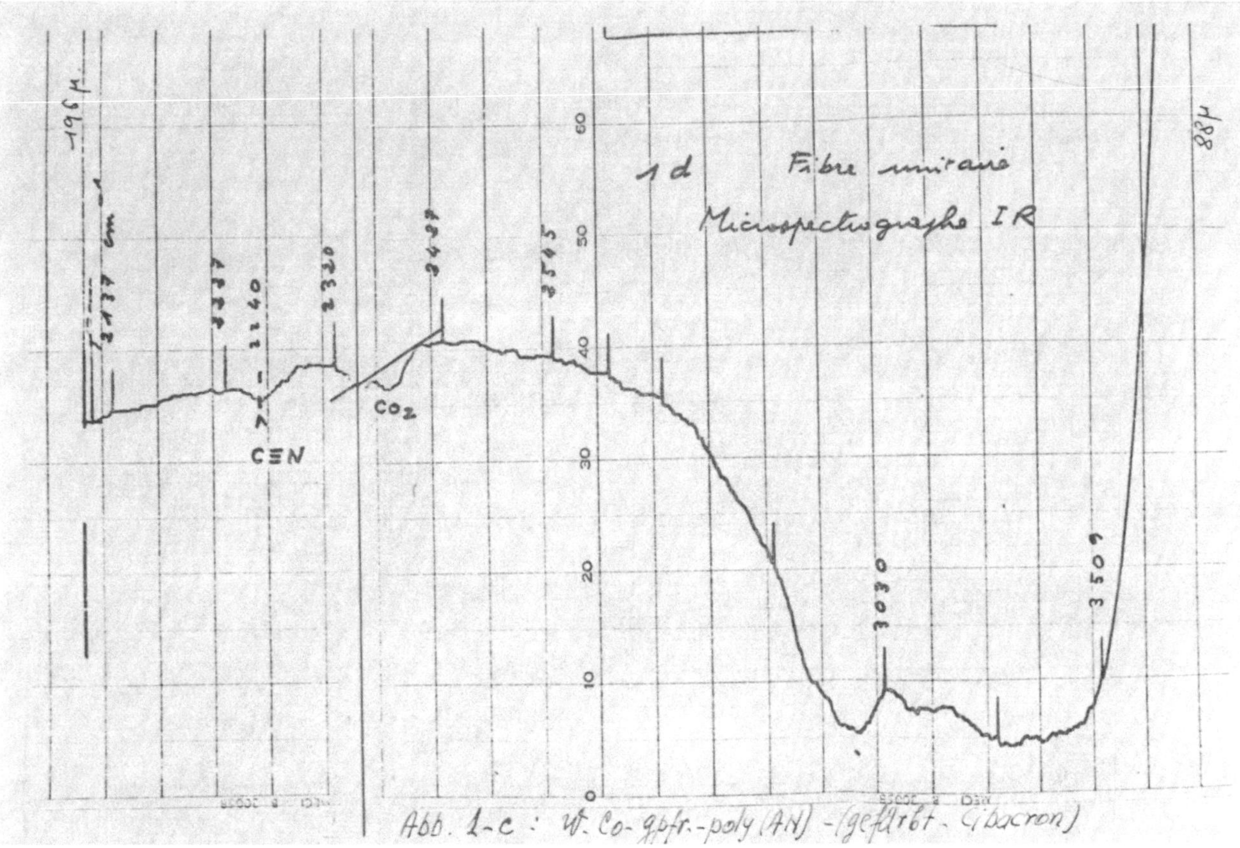

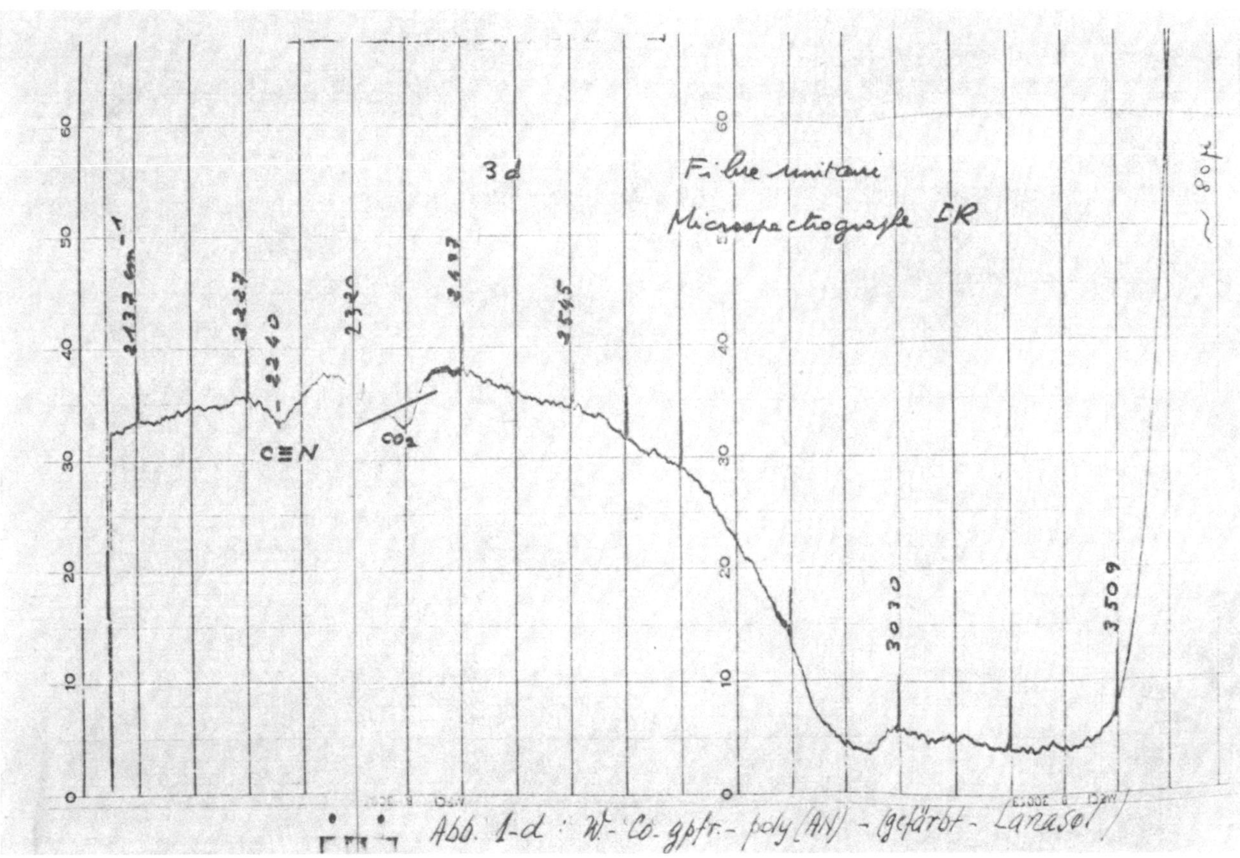

Bild 1 c und d

c) mit Polyacrylnitril gepfropfte, mit CIBACRON gefärbte Wolle

d) mit Polyacrylnitril gepfropfte, mit LANASOL gefärbte Wolle

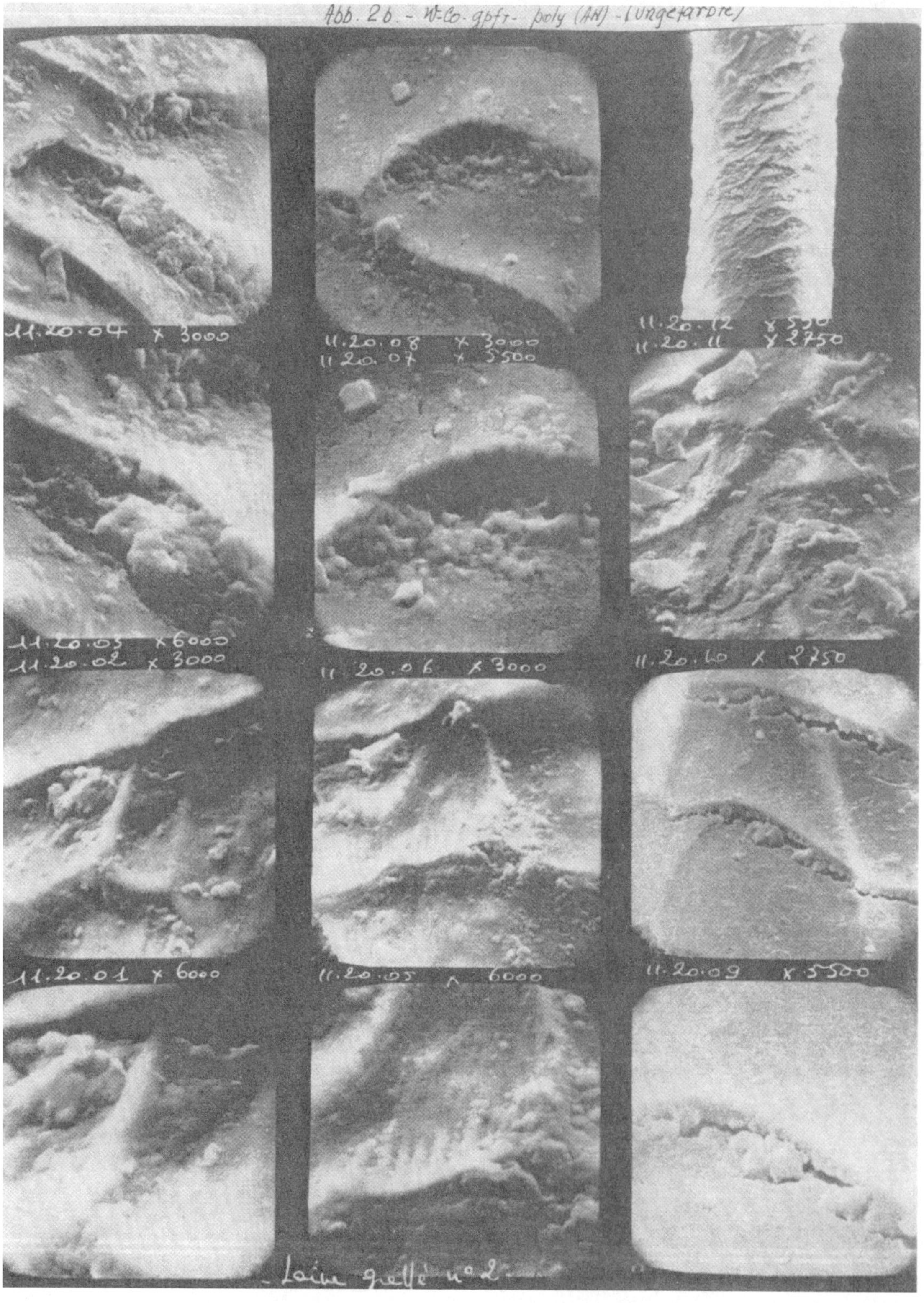

Bild 2. Elektronenmikroskopische Aufnahmen der Oberfläche von mit Polyacrylnitril gepfropften, ungefärbte Wollfasern

Faserforschung und Textiltechnik 25 (1974) Heft 2
Zeitschrift für Polymerforschung

Tabelle 2. Abbauprodukte des Diazotierens

Amino-Säuren µmol/gWolle	Blindprobe	Wolle reduziert	Wolle reduziert und normal diazotiert	Ungefärbte Wolle, diazotiert „normal" W¹)	Ungefärbte Wolle, diazotiert „normal" W-Co-gepfr. Polyacrylnitril	Ungefärbte Wolle, diazotiert „forte" W¹)	Ungefärbte Wolle, diazotiert „forte" W-Co-gepfr. Polyvinyliden-(chlorid)
Cysteinsäure	47	42	95,4	59	41	144	130
Cystin/2	762	695	632	686	769	617	669
Thyrosin	254	272	266	237	246	167	188
Arginin	515	510	451	533	578	269	226
Ornithin	—	—	—	—		129	114
P	—	—	—	—	—	—	X

P = unbekannte Zusammensetzungen

Tabelle 3. Netzparameter der gepfropften Wolle

Probe	Großer Winkel: Äquatorial-ebene (Å) a	Großer Winkel: Äquatorial-ebene (Å) c	Großer Winkel: Meridian-ebene (Å) b	Kleiner Winkel (Å)
Wolle-Blindprobe	4,71	10,17	5,21	47,94
Wolle-Co-gepfr.-Polyacrylnitril (Diazot.-direkt)	4,73	9,99	5,13	49,54
Wolle-Co-gepfr.-Polyacrylnitril (gefärbt mit CIBACRON)	4,68	10,17	5,11	45,65
Wolle-Co-gepfr.-Polyacrylnitril (gefärbt mit LANASOL)	4,75	9,99	5,09	46,92

ersichtlich. Das kann auch durch Messungen der Netzparameter, die durch Röntgenaufnahmen erhalten wurden, beobachtet werden (Tabelle 3).

Das Pfropfverfahren durch unmittelbare Diazotierung der Wolle stellt eine neue und wirksame Methode der Pfropfung dar, die im Vergleich zu der Färbe- und Reduktionsmethode eine Reihe von Behandlungen vermeidet, die Wollfasern abbauen. In einer künftigen Arbeit wird diese Methode der Veränderung der Wollfasern durch experimentelle Angaben begründet werden.

Bemerkung: Ein Teil der Analysen wurde beim Institute Textile de France im Oktober bis Dezember 1972 durchgeführt.

Literatur

[1] *Simionescu, Cr.*, und *Dumitriu, S.:* Sur le mécanisme du greffage de la cellulose avec des monomères viniliques par l'intermédiaire des colorants réactifs. Bul. Inst. Politehnic Iasi X (XIV) (1964) 3/4.
[2] *Simionecsu, Cr.*, und *Dumitriu, S.:* Grafting of cellulose and derivatives by means of diazonium salts. J. Polymer Sci., C: Polymer Symposia (1972) 37, S. 187–203.
[3] *Rusan, V.*, *Asandei, N.*, und *Simionescu, Cr.:* Die Pfropfung von Calciumalginat-Fasern mittels Aryldiazoniumsalzen. Cellulose Chem. Technology, Jassy/Rum. **3** (1969) 1, S. 83–97 (dt.).

Eingegangen am 21. Mai 1973

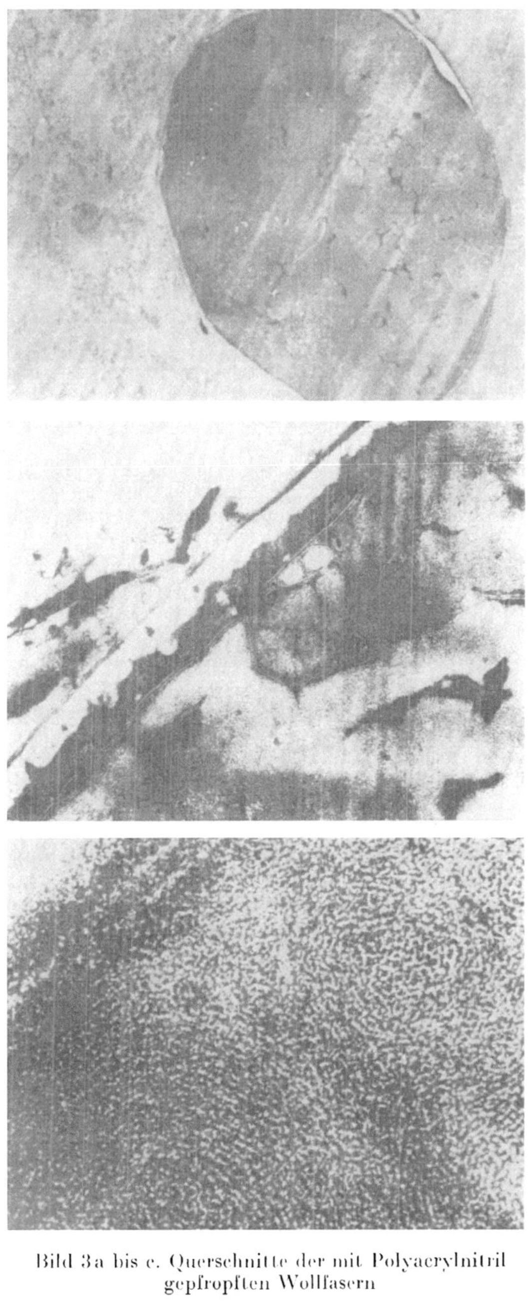

Bild 3a bis c. Querschnitte der mit Polyacrylnitril gepfropften Wollfasern

Faserforschung und Textiltechnik 25 (1974) Heft 2
Zeitschrift für Polymerforschung

Chemiefaserstoffe für spezielle Zwecke, ihre Eigenschaften und Anwendung

K. E. Perepelkin, B. A. Muchin und V. S. Smirnov

Leningrader Filiale des Alluinons-Kunstfaserforschungsinstituts

DK 677.4.0 61.4(047):677.06:677.017.4:676.1.03

Chemiefaserstoffe für spezielle Zwecke sind ihrem Produktionsumfang nach meist nicht mit den Chemiefaserstoffen für textile Massenbedarfsgüter zu vergleichen. Die vorliegende Übersicht bezweckt, einen Überblick über die Herstellungsverfahren, die Eigenschaften und Anwendungsgebiete derartiger spezieller Chemiefaserstoffe zu geben, wobei in die Betrachtung alle Klassen von synthetischen Faserstoffen (anorganische wie organische) einbezogen werden. Die Einsatzgebiete erstrecken sich von der Technik über spezielle textile Anwendungen, synthetisches Papier, Plastverstärker, Isoliermaterialien u. a. bis zur Medizin.

Малотоннажные химические волокна, их специфические свойства и применение

Малотоннажные химические волокна по объему их производства в большинстве случаев несравнимы с крупнотоннажными химическими волокнами для текстильной переработки. В статье в виде обзора приводятся данные о методах получения, свойствах и областях применения малотоннажных химических волокон, причем рассматриваются все классы синтетических волокон (неорганические и органические). Области применения охаватывают технические и специальные текстильные изделия, синтетическую бумагу, армирующие материалы для пластиков, изоляционные материалы и т.п., а также материалы для медицины.

Man-made Fibers for Special Use, their Properties an Application

With respect to their outpot man-made fibres for special use do not compare with textile man made fibres. The production methods, properties and application of special man-made fibers are reviewed, including all types of anorganic and organic synthetic fibres. The field of application extends from technical use to special textile application, synthetic paper, plastics reinforcement, isolation material etc. to medical use.

Der Bedarf in den verschiedensten Zweigen der Volkswirtschaft, Technik und Wissenschaft an Faserstoffen mit den unterschiedlichsten Eigenschaften führte zu einer breiten Entfaltung entsprechender Forschungen und schließlich zur Produktion einer großen Zahl neuer Arten von Chemiefaserstoffen.

In den letzten Jahren ist auf dem Gebiet der Chemiefaserstoffe eine qualitativ neue Entwicklungsetappe festzustellen, nämlich die Produktionsaufnahme — neben den Massenbedarfsfaserstoffen — auch von Faserstoffen mit neuen spezifischen Eigenschaften, die für den Einsatz in relativ begrenzten Anwendungsgebieten bestimmt sind.

Charakteristisch für diese Arten von Faserstoffen ist der vergleichsweise geringe Bedarf an ihnen, meist nur in der Größenordnung von einigen Dutzend oder einigen Hundert Tonnen. Neben dem Komplex der allgemeinen textilen Eigenschaften, der die Verarbeitung und den Einsatz dieser Faserstoffe gewährleistet, müssen sie jedoch noch ganz bestimmte spezifische Eigenschaften besitzen, z. B. thermische Beständigkeit, Unbrennbarkeit, chemische Beständigkeit, Ionenaustauschfähigkeit u. a.

Zur Klassifizierung dieser Faserstoffe kann man die verschiedensten Merkmale heranziehen: chemische Natur, Herstellungsverfahren, Einsatzgebiete [1]. Am verbreitetsten ist die Klassifizierung nach den spezifischen Eigenschaften, die in erheblichem Maße die Einsatzgebiete widerspiegeln. Tabelle 1 enthält die annähernde Klassifizierung von Faserstoffen mit speziellen Eigenschaften, deren Produktionsumfang geringe oder mittlere Größenordnung ausmacht.

Die wichtigsten Angaben über die Herstellungsverfahren von Faserstoffen mit speziellen Eigenschaften

Die Herstellung von Faserstoffen mit speziellen Eigenschaften ist auf verschiedenen Wegen möglich, und zwar in Abhängigkeit von den Eigenschaften der Ausgangspolymeren, ihrer Spinnbarkeit, den erforderlichen Eigenschaften der fertigen Faserstoffe, und einer Reihe weiterer Bedingungen. Im Prinzip sind folgende Hauptwege möglich:

1. Wahl entsprechender Polymerer oder deren Modifizierung vor dem Erspinnen von Fäden.
2. Modifizierung der Faserstoffe während des Erspinnens.
3. Durchführung polymeranaloger Umsetzungen unter Änderung der Struktur der Kettenmoleküle.
4. Durchführung polymeranaloger Umsetzungen unter Änderung funktioneller Seitengruppen (ohne Änderung der Kettenstruktur).
5. Vernetzung der Kettenmoleküle durch Anwendung bi- und polyfunktioneller Verbindungen, die mit seitlichen funktionellen Gruppen reagieren.

Wesentlich komplizierter wird die technologische und apparative Gestaltung der Herstellungsverfahren im Falle der nachträglichen Modifizierung der Eigenschaften des fertigen Faserstoffs durch die für die Behandlung erforderliche längere Zeit und die Notwendigkeit, Chemikalienverluste zu vermeiden (was sowohl vom wirtschaftlichen Standpunkt aus als auch von der Umweltverschmutzung her wichtig ist).

Eingehender sind die Herstellungsverfahren für Faserstoffe mit speziellen Eigenschaften und die Modifizierungsverfahren in einer Reihe von Arbeiten dargelegt [1 bis 7].

Beachtung verdienen sehr wichtige Besonderheiten einiger Verfahren zur Herstellung von Faserstoffen mit speziellen Eigenschaften, insbesondere die chemische Modifizierung. Durch entsprechende Maßnahmen erhalten die Faserstoffe in einer Reihe von Fällen neue wichtige Eigenschaften, wobei aber häufig eine beträchtliche Verschlechterung der allgemeinen textilen Eigenschaften zu verzeichnen ist (Abnahme von Festigkeit und Elastizität, Zunahme der Ungleichmäßigkeit der Eigenschaften, Auftreten von Sprödigkeit usw.). Dadurch werden die Verarbeitung der Faserstoffe erschwert und ihre Einsatzmöglichkeiten verringert.

Wesentlich ist auch die Beibehaltung einer genügenden Gleichmäßigkeit der Faserstoffeigenschaften nach der Behandlung. Aus diesem Grunde ist in jedem konkreten Falle die Zweckmäßigkeit einer Modifizierung unter Berücksichtigung des vorgesehenen Einsatzgebietes der Faserstoffe sorgfältig zu klären. Deshalb kommen viele Modifizierungsverfahren wegen der mit ihnen verbundenen Ver-

Tabelle 1. Annähernde Klassifizierung der Faserstoffe mit speziellen Eigenschaften

Faserstoffgruppe	Merkmal	Beispiele von Faserstoffen	Spezielle Eigenschaften und Anwendungsbeispiele
1. Faserstoffe mit besonderer Gestalt	superfein	Polyvinylchlorid, Polyacrylnitril, Polyvinylalkohol u. a.	Feinfiltration von Luft
	hohl	Polyamid, Acetat u.a.	Mikroröhrchen für die Analyse usw.
2. Faserstoffe mit besonderen mechanischen Eigenschaften	superfest, hoher Modul	Polyvinylalkohol, Regeneratcellulose, Polyamide (aromatische)	Verstärkung von Konstruktionsplasten, Seile und andere Erzeugnisse, für die ein hoher Deformationsmodul und hohe Festigkeit gefordert werden
		Kohlenstoffaserstoffe	Verstärkung von Konstruktionsplasten
		Quarz, Carbide, Bornitrid	desgl.
		Nadelförmige Einkristalle (Graphit, Bornitrid u. a.)	desgl.
	hohe Elastizität	Kautschuk	Galanteriewaren
		Polyurethane	desgl.
	Reibungsverminderung	Polytetrafluoräthylen, Graphit	Zur Herabsetzung der Reibung
3. Faserstoffe mit besonderen thermischen Eigenschaften	Thermostabilität	Aromatische Polyamide, Polyimide, Benzimidazole u. a.	Verstärkung von thermisch beständigen Plasten und technischen Gummierzeugnissen
	Hitzebeständigkeit	Kohlenstoffaserstoffe	Verstärkung von thermisch beständigen Plasten
		Quarz, Bor, Carbide, Bornitrid u. a.	desgl.
		Nadelförmige Einkristalle (Graphit, Bornitrid u. a.)	desgl.
	Flammfestigkeit	Halogen-, Phosphor-, stickstoffhaltige Polymere	Möbelbezugsstoffe, Vorhänge, flammfeste Kleidung usw.
	Thermoplastizität	Polyvinylchlorid, Polyolefine, Polyamide u. a.	Bindemittel für Vliesstoffe und Papier
	Thermohydroplastizität	Polyvinylalkohol	desgl.
	hoher Schrumpf	Polyvinylchlorid, Polyester, Polyacrylnitril	Herstellung von Kunstleder, Filzen sowie Hochbauschfäden und Textilerzeugnissen daraus
4. Faserstoffe mit besonderen elektrischen Eigenschaften	elektrisch leitend	Kohlenwasserstoffe, Carbide, metallisierte Materialien	Heizelement, Thermowiderstände, Thermoelemente u. a.
	Dielektrika	Polyolefine, Polytetrafluoräthylen, Polyester	Isoliermaterialien in der Elektro- und Radiotechnik
5. Faserstoffe mit besonderen optischen Eigenschaften	Transparenz	Polyamide, Polyester u. a.	Nähfäden, Lichtleiter
	Lumineszenz	Viskose, Polyamide u. a.	optisch aufgehellt, für Erzeugnisse mit leuchtenden Teilen
6. Faserstoffe mit besonderen chemischen Eigenschaften	chemisch beständig	Polytetrafluoräthylen	Filtration aggressiver Flüssigkeiten und Gase
	Ionenaustauschfähigkeit	Modifizierter Polyvinylalkohol, Regeneratcellulose, Polyacrylnitril	Herstellung von Ionenaustauschermaterialien
	Elektronenaustauschfähigkeit	desgl.	Duchführung von Reduktionsvorgängen in Lösungen
	Semipermeabilität	Celluloseester	Wasserentsalzung
	Sorptionsvermögen	Kohlentsoffaserstoffe, Celluloseacetat	Materialien zur Reinigung von Gasen und Flüssigkeiten
	selektiv benetzbar	Polyolefine, Polystyrol	Trennung von unpolaren und polaren Flüssigkeiten
7. Faserstoffe mit besonderen biologischen Eigenschaften	Bakterizid, bakteriostatisch, fungizid, blutstillend u. a.	Modifizierte Regeneratcellulose, Polyvinylalkohol u. a.	Verbandmaterialien und andere medizinische Zwecke
8. Abbaubare Faserstoffe	Löslichkeit	Polyvinylalkohol, Alginate u. a.	Als entfernbare Hilfskomponente bei der Herstellung von feinen Geweben, Gewirken, Spitzen u. a. m.
	Resorbierbarkeit	Eiweiß, Polyglykolsäure	Nähmaterial in der Medizin
	Leicht abbaubar	Polyolefine	Erzeugnisse für einmalige Verwendung (Abbau durch Lichteinwirkung)

schlechterung der textilen Eigenschaften der Faserstoffe, technologischer Schwierigkeiten oder Unwirtschaftlichkeit nicht in Betracht.

In einigen Fällen ist es zweckmäßig, die Behandlung an dem bereits fertigen Erzeugnis vorzunehmen.

Sehr wichtig ist auch die notwendige Beständigkeit der Eigenschaften der modifizierten Faserstoffe und entsprechender Erzeugnisse während des Gebrauchs, was direkt eine wesentliche Voraussetzung für ihren Einsatz ist.

Faserstoffe mit besonderer Gestalt (superfeine und poröse)

In einigen Fällen werden Faserstoffe mit besonderen geometrischen Merkmalen eingesetzt: (superfeine, hohle, poröse Fäden, aber auch gekräuselte (texturierte), profilierte u. a.). Die letzteren beiden Arten werden gegenwärtig bereits in großen Mengen erzeugt und deshalb in der vorliegenden Übersicht nicht berücksichtigt.

Superfeine Fäden werden auf der Basis von Polyvinylchlorid, Polyacrylnitril und Polyvinylalkohol gewonnen [8, 9]; verarbeitet werden sie zu porösen Flächengebilden, die meist zur Feinreinigung von Luft oder Flüssigkeiten eingesetzt werden.

Hohlfäden lassen sich durch Erspinnen aus Lösungen oder Schmelzen erhalten, wobei entweder von Spinnlösungen mit feindispergierten Gasblasen ausgegangen wird oder Düsen mit profilierten Öffnungen benutzt werden [10 bis 12]. Eingesetzt werden die Hohlfäden in einer Reihe von Fällen entweder als Profilfäden (mit erhöhter Deckfähigkeit) oder als Fäden mit geringerer Dichte. Zu erwähnen ist, daß bei der Herstellung dieser Faserstofftypen die Spinnkonstanz schlechter ist als bei analogen kompakten Fäden, weshalb sie auch nur in sehr begrenzten Mengen hergestellt werden.

Superfeste und Hochmodulfaserstoffe

Die Entwicklung der modernen Technik erforderte eine starke Erhöhung der mechanischen Eigenschaften von Faserstoffen und Fasermaterialien, die in stark beanspruchten Erzeugnissen eingesetzt werden: Seile, gummitechnische Erzeugnisse, verstärkte Plaste u. a. Deshalb kam es zur Schaffung neuer Arten von technischen Faserstoffen mit hoher Festigkeit und hohem Deformationsmodul. Zu diesen Faserstoffen können bedingt alle Faserstoffe gerechnet werden, deren Reißspannung über 100 bis 120 kp/mm² und deren Deformationsmodul über 2000 bis 3000 kp/mm² betragen. Die Reißdehnung dieser Faserstoffe liegt bei 1 bis 5%.

Von den bereits länger bekannten Faserstoffarten können den hochfesten und Hochmodulfaserstoffen auch Flachs, Glasfaser und Asbest zugezählt werden [13, 14]. Sie werden jedoch hauptsächlich als thermisch beständige und nicht als hochfeste Faserstoffe eingesetzt.

Zu den neuen Hochmodulfaserstoffen gehören Faserstoffe auf der Basis linearer Polymerer (Cellulose, Polyäthylenterephthalat, Polyvinylalkohol, aromatische und andere starrkettige Polymere) sowie auf der Basis von Schicht-(Parkett-) und räumlichen (dreidimensionalen) Strukturen. Zu den letzten beiden Arten zählen Kohlenstoffäden, Bor-, Bornitrid-, Siliciumcarbidfaserstoffe u. a. [15 bis 49]. In den letzten Jahren erschienen weitere Arten von faserähnlichen Strukturen, die sogenannten Nadelkristalle, die ebenfalls oft als Faserstoffe mit besonderen Eigenschaften benutzt werden und bezüglich ihrer Eigenschaften und ihres Einsatzes den Hochmodulfasern nahekommen [48 bis 51].

Eine Besonderheit aller genannten Faserstoffarten ist die hohe strukturelle Ordnung und die hohe Molekülorientierung längs der Fadenachse, was sie in einer Reihe von Eigenschaften bereits nicht nur den Polymeren, sondern auch den kristallinen Körpern nähert [15 bis 17].

In letzter Zeit erfolgte hinsichtlich der Festigkeit von Faserstoffen aus verschiedenen Polymeren ein erheblicher Sprung nach vorn. Das ist insbesondere aus den Angaben von Tabelle 2 zu ersehen, in der die Grenzwerte der erreichten mechanischen Eigenschaften angeführt sind (Festigkeit und Deformationsmodul von Proben aus der Serienproduktion liegen meist um 15 bis 30% niedriger).

Unter den Faserstoffen auf der Basis linearer Polymerer weisen den höchsten Deformationsmodul Faserstoffe aus Polyvinylalkohol und einigen aromatischen linearen Polymeren (Polyamide, Polyamidohydrazide) auf [15 bis 35].

Der hohe Deformationsmodul der betrachteten Faserstoffe bringt auch eine hohe Biegefestigkeit mit sich, die beim Biegen auftretenden Spannungen und die gänzlich fehlenden oder nur sehr geringen elastischen Verformungen bedingen eine hohe Brüchtigkeit dieser Faserstoffe. Das fast völlige Fehlen der elastischen Verformungskomponenten zieht auch ein nur sehr geringes Kriechvermögen der Hochmodulfaserstoffe nach sich.

Zu beachten ist auch die große Streuung der mechanischen Eigenschaften der hochfesten und Hochmodulfaserstoffe als Folge des Vorhandenseins von Strukturdefekten.

Die Besonderheiten dieser speziellen Faserstoffe bedingen die Notwendigkeit, völlig andere Verfahren zu ihrer Verarbeitung zu benutzen. Hochmodulfaserstoffe aus linearen Polymeren mit einem Deformationsmodul in der Größenordnung von 10000 bis 14000 kp/mm² lassen sich in Form von Fäden in üblicher Weise zu Geweben und Gewirken verarbeiten, wobei jedoch starkes Knicken während der textilen Operationen vermieden werden muß. In Faserform ist die Verarbeitung mit den üblichen Verfahren bereits nicht mehr möglich. Fasern und Fäden mit noch höherem Modul lassen sich oft überhaupt nicht mehr auf den üblichen Wegen zu textilen Materialien verarbeiten. Entweder setzt man sie als Systeme miteinander nichtverbundener Fäden

Tabelle 2. Einige Angaben über maximal erreichte mechanische Eigenschaften von hochorientierten Faserstoffen

Faserstoff	Dichte g/cm³	Festigkeit Reißspannung kp/mm²	Festigkeit feinheitsbezogene p/tex	Elastizitätsmodul kp/mm²
Regeneratcellulose	1,55	85···150	55···98	2600···6000
Polyäthylenterephthalat	1,38	80···140	65···100	2000···2500
Polyvinylalkohol	1,32	120···160	90···120	3500···7000
Polyformaldehyd	1,42	120···150	85···105	—
Aromatische Hochmodulfaserstoffe	1,43···1,45	250···400	170···290	8000···14000
Glasfaserstoffe	2,55	150···500	60···195	5000···10000
Graphit	1,9···2,1	250···400	120···210	17000···70000
Bor	2,6[1])	280···400	110···150	38500···42000
Bornitrid	2,15	150	70	8400
Siliciumcarbid	3,18	95···125	30···40	42000···45000

[1]) Auf Wolframfaden

ein (z. B. beim Verstärken von Plasten) oder verarbeitet sie nach der Vliesstoff- bzw. Papiertechnologie in Form von Fasern.

Eingesetzt werden die hochfesten und Hochmodulfaserstoffe in den meisten Fällen als Armierungsfüllstoffe (einige gummitechnische Erzeugnisse, verstärkte Plaste) oder als Materialien, in denen ihre besonderen physikalischen Eigenschaften ausgenutzt werden (z. B. in Form von Matten, porösen Platten, Pappen usw.), entweder in reiner Form oder im Gemisch mit anderen Faserstoffarten.

Hochelastische Faserstoffe

Der Einsatz von hochelastischen polymeren Faserstoffen ist schon ziemlich lange bekannt, wie das Beispiel der Gummifäden zeigt, die schon Jahrzehnte hergestellt und in großer Menge für Textilgalanteriewaren angewandt werden. Gewonnen werden die Gummifäden entweder durch Schneiden dünner Gummiplatten oder durch Erspinnen aus Kautschuklatices [52].

Der große Querschnitt dieser Fäden (über 0,3 bis 0,5 mm²) begrenzt die Möglichkeiten ihres Einsatzes in vielen Fällen, zumal die Erzeugnisse etwas grob sind.

Vor einigen Jahren wurden auf Grund breiterer Forschungen über Polyurethankautschuke hochelastische Polyurethan-Textilfäden vom Typ „Spandex" entwickelt [53 bis 61]. Mittlerweile erreichte ihre Weltproduktion Tausende von Tonnen, weshalb sie bereits zu den Arten mit mittlerem Produktionsumfang zu rechnen sind.

Hinsichtlich der mechanischen Eigenschaften ragen die hochelastischen Polyurethanfäden unter den anderen Faserstoffarten heraus. Sie besitzen eine hohe Reißdehnung (500 bis 800%), einen niedrigen Deformationsmodul und hohe Elastizität. Sie sind für viele Erzeugnisse aussichtsreicher als Gummifäden und unterscheiden sich auch deutlich von den Texturfäden, bei denen die elastischen Eigenschaften auf die physikalische Gestalt der Fäden zurückzuführen sind (beträchtliche Kräuselung oder „federartiger" Zustand).

Die hochelastischen Eigenschaften der Spandexfäden lassen sich mit dem spezifischen Molekülaufbau erklären, bei dem es sich um eine Verknüpfung von starren kristallinen und biegsamen elastischen Segmenten handelt. Die letzteren bestehen meist aus Polyäthern mit rel. Molekülmassen von 700 bis 3000, die ersteren enthalten Polyharnstoffgruppierungen und aromatische Gruppen [53, 56, 58, 61].

Beim Zug der Fäden erfolgt reversible Deformation der elastischen Bereiche; die starren Kettenabschnitte verhindern infolge der Kristallisation und der Ausbildung von zwischenmolekularen Bindungen das zähe Fließen der Fäden. In einigen Fällen erzeugt man für diesen Zweck zusätzlich auf chemischem Wege eine Vernetzung. Regulieren lassen sich die elastischen Eigenschaften dieser Faserstoffe durch die Wahl entsprechender Ausgangskomponenten (Polyäther, Diisocyanate u. a.) sowie durch Änderung der Länge und des Verhältnisses der starren und der biegsamen Kettenabschnitte.

Zu erwähnen ist, daß der Herstellungsprozeß der Spandexfäden (Erspinnen aus Lösungen oder Schmelzen) sehr kompliziert ist; außerdem sind die Polymeren nicht beständig genug, was bestimmte Schwierigkeiten bei der Herstellung hochwertiger Fäden bereitet.

Die verschiedensten Spandexfäden zeigen etwa folgende Eigenschaften [53 bis 62]:

Feinheitsbezogene Reißkraft	5···7,5 p/tex,
Reißdehnung	500···800%,
Deformationsmodul	0,9···1,5 kp/mm²,
Elastische Erholung bei Deformation um 200%	92···98%,
Dichte	1,1···1,25 g/cm³,
Erweichungstemperatur	150···200 °C,
Feuchteaufnahme bei 65% rel. Luftfeuchte	1···1,5%.

Polyurethanfaserstoffe besitzen nur eine begrenzte chemische und Alterungsbeständigkeit, sie werden sowohl als Seide als auch als Fasern hergestellt.

Hochelastische Faserstoffe dienen zur Herstellung von Sportbekleidung, Miederwaren, Strumpferzeugnissen (darunter auch für medizinische Zwecke) u. a., und zwar sowohl rein als auch im Gemisch mit anderen Faserstoffarten.

Faserstoffe mit reibungsvermindernden Eigenschaften

Das Problem der Reibungsverminderung (ebenso wie ihre Erhöhung) ist in der modernen Technik eines der wichtigsten. In einigen Fällen kommt daher Erzeugnissen aus Faserstoffen mit reibungsvermindernden Eigenschaften erhebliche Bedeutung zu.

Ausgezeichnete reibungsvermindernde Eigenschaften weisen fluorhaltige Faserstoffe auf, die in Verbindung mit beliebigem Material sehr niedrige Reibungskoeffizienten besitzen [63]. In einigen Fällen werden auch Materialien aus Graphitfaserstoffen eingesetzt. In diesem Falle ist der niedrige Reibungskoeffizient auf die allmähliche Abnutzung und die Schmierwirkung der entstehenden Graphitteilchen zurückzuführen [64].

Thermisch beständige Faserstoffe

Nach der thermischen Beständigkeit lassen sich die Chemiefaserstoffe in mehrere Gruppen unterteilen:

1. Übliche Faserstoffe mit Einsatztemperaturen von höchstens 150 bis 160 °C.
2. Faserstoffe mit erhöhter thermischer Beständigkeit und Einsatztemperaturen nicht über 230 bis 250 °C.
3. Thermisch beständige Faserstoffe mit Einsatztemperaturen nicht über 300 bis 350 °C.
4. Thermisch hochbeständige Faserstoffe mit Einsatztemperaturen nicht über 400 bis 500 °C.
5. Hitzebeständige Faserstoffe, deren obere Temperaturgrenze beim Einsatz über 500 °C liegt (s. nächsten Abschnitt).

Faserstoffe mit erhöhter thermischer Beständigkeit können durch Vernetzung üblicher Faserstoffe mit bifunktionellen Gruppen erhalten werden. Auf diesem Wege gelang es insbesondere, die thermische und Wärmebeständigkeit von Polyamid- und Polyacrylnitrilfaserstoffen zu erhöhen [65 bis 67]. Eine erhöhte thermische Beständigkeit besitzt auch Polytetrafluoräthylenfaserstoff [63].

Gegenwärtig werden thermisch beständige Faserstoffe aus den verschiedensten Klassen von Polymeren gewonnen, vorzugsweise aus aromatischen Polymeren: Polyamide, Polyimide, Polysulfonamide, Polybenzimidazole, Polyoxazole u. a. [30 bis 32, 36, 68 bis 81].

Hervorzuheben ist, daß organische Polymere grundsätzlich nur bis zu Temperaturen von höchstens etwa 450 bis 500 °C einsetzbar sind. Bei darüber hinausgehenden Temperaturen beginnt praktisch bei allen organischen fadenbildenden Polymeren ein intensiver Abbau oder Oxydation.

Die wichtigsten Eigenschaften einiger Arten von thermisch beständigen Faserstoffen sind in den Tabellen 3 und 4 angeführt.

Thermisch beständige Faserstoffe werden für die verschiedensten Zwecke eingesetzt: zur Verstärkung von thermisch beständigen gummitechnischen Erzeugnissen, für Filtermaterialien, spezielle Arbeitskleidung usw.

Aus der Gesamtgruppe der thermisch beständigen Faser stoffe können noch die thermisch beständigen Hochmodul

Faserforschung und Textiltechnik 25 (1974) Heft 2
Zeitschrift für Polymerforschung

Tabelle 3. Einige Angaben über die thermische Beständigkeit von Faserstoffen

Faserstoff	Einfriertemperatur °C	Schmelztemperatur °C	Arbeitstemperatur (maximal) °C
übliche thermische Beständigkeit			
Cellulose	220···370	Zersetzung	150···180
Polyäthylenterephthalat	80···100	260···265	150···180
Polyamid 6	40···60	212···215	150···180
Polyvinylalkohol	85···90	225···230	150···180
erhöhte thermische Beständigkeit			
Polytetrafluoräthylen	—	320	200···220
Polyamid und Polyacrylnitril nach Vernetzung	—	Zersetzung	200···250
Thermobeständigkeit			
Aromatische Polyamide	380···400	550···600 (Zersetzung)	200···300
Poly-m-phenylenisophthalamid		380···390	250···300
Polysulfonamid		400	250···300
Polyimid	380···400	Zersetzung	250···300
thermisch hochbeständig			
Polymere mit Leiterstruktur	—	Zersetzung	400···450

faserstoffe herausgestellt werden, die hauptsächlich zur Verstärkung von Gummi- und Plasterzeugnissen eingesetzt werden.

Zu erwähnen ist noch, daß der breite Einsatz von thermisch-beständigen Faserstoffen vorläufig durch ihren hohen Preis eingeschränkt wird.

Hitzebeständige Faserstoffe

Unter den heute technisch eingesetzten Materialien spielen die hitzebeständigen Materialien, darunter die aus Faserstoffen oder Faserstrukturen erhältlichen, eine besondere Rolle. Derartige Faserstoffe und Fasermaterialien werden gegenwärtig aus den verschiedensten chemischen Stoffen hergestellt: Metalle, Kohlenstoff, Bor, Metalloxide, Nitride, Carbide, Silicide u. a. [37 bis 50, 82, 83].

Einige Angaben über hitzebeständige Faserstoffe und Fasermaterialien sowie ihre Einsatztemperaturen sind in der Tabelle 5 enthalten.

Die mechanischen Eigenschaften der hitzebeständigen Faserstoffe und ihre Temperaturabhängigkeit sind sehr unterschiedlich und in den zitierten Literaturstellen angeführt. Viele hitzebeständige Faserstoffe dienen gleichzeitig auch als Verstärkungsmaterialien, einige ihrer Eigenschaften finden sich deshalb auch in der Tabelle 2.

Tabelle 5. Einige Angaben über das Temperaturverhalten von hitzebeständigen Faserstoffen

Faserstoff	Schmelztemperatur °C	Temperatur in °C bei längerem Einsatz	Temperatur in °C bei kürzerem Einsatz
Glas (schwerschmelzbar)	800···950	300···350	350···400
Quarz	1710	700··· 800	1050
Asbest	—	450··· 500	1000
Aluminiumoxid	1760	900···1000	1250
Zirkondioxid	2600	1500···1650	2000
Polyacrylnitril nach Pyrolyse	—	400··· 500	800[1])
Kohlenstoffäden	3600	400··· 500	800[1])
Graphit	3600	500··· 600	1500[1])
Bor	2050	250··· 300	—
Bornitrid	2500	700··· 800	800···900

[1]) Bei Luftausschluß

Am häufigsten werden als hitzebeständige Faserstoffe Kohlenstoffäden eingesetzt, die durch Carbonisierung der unterschiedlichsten kohlenstoffhaltigen Faserstoffe erhältlich sind: Regeneratcellulose, Polyacrylnitril, Polyvinylalkohol, ferner auch aus Erdölpech, Phenol/Formaldehyd-Harzen u. a.

Die als wärmedämmende Materialien eingesetzten Kohlenstoffäden weisen nicht allzu hohe mechanische Kennwerte auf:

Feinheitsbezogene Reißkraft	50···100 p/tex,
Dehnung	1···1,5%,
E-Modul	2000···10000 kp/mm²,
Dichte	1,4···1,8 g/cm³.

Die Einsatzgebiete der hitzebeständigen Faserstoffe sind ebenfalls sehr mannigfaltig; benutzt werden sie in Form von Geweben, Matten (Filze), Papier, Vliesen zur Herstellung von wärmedämmenden Materialien, Konstruktionsplasten mit hoher thermischer Beständigkeit. Zahlreiche entsprechende Beispiele finden sich in den angeführten Literaturstellen [37 bis 50, 83].

Flammfeste Faserstoffe

Zu diesen Fasertoffen gehören solche, die beim Fehlen einer offenen Flamme nicht glimmen und nicht brennen (d. h. verlöschen).

Die Herstellung von flammfesten Faserstoffen ist nach verschiedenen Verfahren möglich (7, 84 bis 96):

1. Behandlung von gewöhnlichen Faserstoffen mit Verbindungen, die diesen Flammfestigkeit verleihen;
2. Verarbeitung von Polymeren, die entweder selbst oder nach entsprechender Behandlung unbrennbar sind, zu Faserstoffen.

Tabelle 4. Die wichtigsten Eigenschaften einiger thermisch beständiger Faserstoffe

Faserstoff	Dichte g/cm³	Festigkeit p/tex	Dehnung %	Deformationsmodul kp/mm²	Festigkeit bei 300 °C %	Festigkeit bei 300 °C nach 100 h %	Wasseraufnahme (bei 65% Luftfeuchte, 20 °C) %
Poly-m-phenylenisophthalamid	1,37···1,38	45···50	15···20	1000···1500	40···50	50···55	—
Polysulfonamid	1,45···1,46	35···40	15···20	600	50···60	60···70	5···5,5
Polyimid	1,41···1,42	40···60	8···10	900···1200	50···55	50···60	1···1,5
Polyoxadiazol	1,4 ···1,43	45···60	3···5	3000···5400	50···55	75···85	1···2,5
Aromatische Hochmodul	143···1,45	170···290	2···4	8000···14000	50···70	20···40	3···7

Als Stoffe, die das Brennen verzögern und die Brennbarkeit von Faserstoffen herabsetzen, dienen Verbindungen des Phosphors, Stickstoffs, Bors, Aluminiums, Antimons, der Halogene u. a. Die meisten Arbeiten beziehen sich auf die Flammfestausrüstung von Cellulosefaserstoffen [84 bis 93].

In vielen Fällen kann die Flammfestausrüstung von Cellulose-, aber auch Polyvinylalkoholfaserstoffen durch Behandlung mit phosphor- und stickstoffhaltigen Verbindungen erfolgen. Aber nicht immer ist der Behandlungseffekt ausreichend. Außerdem werden infolge dieser Behandlungen die textilen Eigenschaften der Materialien verschlechtert und die Lebensdauer herabgesetzt (infolge von Abbauprozessen) sowie andere Nachteile hervorgerufen.

Ein sehr ernstes und bisher noch ungelöstes Problem ist die Schaffung von flammfesten textilen Faserstoffen und Materialien, bei deren Pyrolyse keine toxischen Gase freiwerden.

Von großem Interesse als flammfeste Materialien sind einige Arten von hitzebeständigen Faserstoffen. Aber nicht alle von ihnen besitzen die für die Verarbeitung zu textilen Erzeugnissen erforderlichen elastischen Eigenschaften. Trotzdem können einige hitzebeständige Faserstoffe (Kohlenstoff, Glas, Asbest u. a.) in einigen Fällen zu flammfesten textilen Erzeugnissen verarbeitet werden.

Flammfestigkeit zeigen auch einige thermisch beständige Faserstoffe aus aromatischen Polymeren. In einer Reihe von Fällen bewirkt ihre Behandlung, z. B. durch Chelatisierung mit Schwermetallsalzen (besonders an der Oberfläche), einen zusätzlichen Flammfesteffekt unter Beibehaltung der guten elastischen Eigenschaften, was für die textile Verarbeitung besonders wichtig ist [95, 96].

Unbrennbar (flammfest) sind alle Arten von halogenhaltigen Faserstoffen (darunter Polyvinylchlorid und nachchloriertes Polyvinylchlorid). Erklären läßt sich das damit, daß die Halogene im allgemeinen durch Sauerstoff, selbst bei erhöhten Temperaturen, nicht verdrängt werden können. Faserstoffe aus Polymermischungen, wobei eine Komponente chlorhaltig ist, sind ebenfalls unbrennbar (z. B. Acetochlorin [85% nachchloriertes PVC + 15% Cellulose-$2^1/_2$-acetat]).

Die angeführten halogenhaltigen Faserstoffe brennen zwar nicht, geben aber beim Erhitzen leicht Halogenwasserstoff ab, was als wesentlicher Nachteil anzusehen ist (Bildung giftiger Dämpfe und Gase im Falle eines Brandes).

Flammfeste Faserstoffe und aus ihnen hergestellte Materialien sind als Bezugs- und Dekostoffe im Transport (Schiffe, Flugzeuge), in öffentlichen Gebäuden sowie als Feuerschutzbekleidung (Feuerwehr, fliegendes Personal) und für viele andere Zwecke äußerst notwendig. Hervorzuheben ist, daß die Gebiete und der Umfang des Einsatzes flammfester Faserstoffe unvergleichlich breiter sind als für die hitzebeständigen und die thermisch beständigen Faserstoffe.

Thermoplastische Faserstoffe und fasrige polymere Bindemittel

Viele Arten von Chemiefaserstoffen zeigen Thermoplastizität, d. h. die Fähigkeit zu irreversiblen Veränderungen der Form und der Abmessungen unter der Einwirkung mechanischer Beanspruchung. Solche Faserstoffe werden häufig als Bindemittel (Kleber) für die Herstellung von Klebvliesstoffen, Papier und anderen Fasermaterialien eingesetzt.

Gefordert wird von den thermoplastischen Faserstoffen eine optimale Erweichungstemperatur und ausreichend gute Adhäsion zu den die Grundschicht bildenden Faserstoffen. Um eine genügende thermische Beständigkeit des Klebvliesstoffs zu gewährleisten, soll die Erweichungstemperatur der thermoplastischen Faserstoffe möglichst hoch sein, andererseits darf sie jedoch den Verarbeitungsprozeß nicht erschweren.

Der Zusatz von thermoplastischen Fasern zur Hauptmasse des Fasergemischs beträgt zwischen 5 und 25%. Das Verkleben der Vliese erfolgt durch Pressen oder Kalandern. Auf diese Weise wird bereits eine beträchtliche Menge an Klebvliesstoffen für verschiedene Verwendungszwecke hergestellt [97 bis 98].

Als thermoplastische Faserstoffe eingesetzt werden Polyvinylchlorid (auch nachchloriertes), Polyolefine, Copolyamide (mit nicht zu hoher Schmelztemperatur) sowie Bikomponentenfaserstoffe mit leicht schmelzendem Mantel und einige andere [99 bis 102].

Die Eigenschaften typischer thermoplastischer Faserstoffe aus Vinylchlorid/Vinylacetat-Copolymerisat (85:15) sind folgende:

Feinheitsbezogene Reißkraft	5···7 p/tex,
Dehnung	150···200%,
Feuchteaufnahme	0,15···0,2%,
Erweichungstemperatur	70···80 °C,
Schmelztemperatur	150···170 °C,
Schrumpfung im spannungslosen Zustand bei 80 °C	10···15%,
Dichte	1,37 g/cm³.

Als thermoplastische Bindemittel in der Papier- und Vliesstoffherstellung werden in den letzten Jahren auch sogenannte Fibride eingesetzt, bei denen es sich um aus thermoplastischen Polymeren erhältliche Teilchen unregelmäßiger Gestalt handelt [97, 98, 103 bis 109]). Gewonnen werden sie durch Fällung des Polymeren aus Lösungen in einem starken hydrodynamischen Feld. Die Abmessungen der erhaltenen Teilchen schwanken in der Querrichtung von einem bis zu Dutzenden von Mikrometern, in der Längsrichtung von Bruchteilen eines Millimeters bis zu mehreren Millimetern. Als Ausgangspolymere dienen Polyolefine, Polycarylnitril und seine Copolymeren, Polyamide sowie Polyester. Meist wird ein dem Grundmaterial verwandtes Polymeres zur Herstellung derartiger Bindemittel gewählt. Dabei soll infolge der geringeren strukturellen Ordnung, manchmal auch infolge anderer Zusammensetzung, die Schmelztemperatur des Bindemittels um 25 bis 30 grd unter derjenigen des Grundmaterials liegen.

Eingesetzt werden die fasrigen polymeren Bindemittel zur Herstellung der verschiedensten Arten von porösen, fasrigen Materialien: Papier, Vliesstoffe, Kunstleder.

Das wichtigste Einsatzgebiet der fasrigen polymeren Bindemittel ist die Papierherstellung. Durch Zusatz von 10 bis 30% fasriger polymerer Bindemittel, bezogen auf die Fasermasse, vor dem Gießen von Papier aus synthetischen Polymeren läßt sich die Festigkeit der nassen Papierbahn beträchtlich erhöhen. Nach dem anschließenden Kalandern und Trocknen verkleben die Bindemittel die einzelnen Fasern, wodurch ein mechanisch festes Material erhalten wird [107, 109].

Die unter Einsatz von fasrigen polymeren Bindemitteln hergestellten synthetischen Papiere können für kartographische Zwecke, für besonders beständige Dokumente, Filter u. a. verwendet werden. Ein wichtiges Einsatzgebiet für Papier auf der Basis von Fasern aus aromatischen Polyamiden und entsprechenden fasrigen polymeren Bindemitteln ist die Elektrotechnik. Auf Grund der hohen thermischen Beständigkeit und der guten elektrischen Festigkeit ergeben diese Papiere ausgezeichnetes Isoliermaterial für Elektromotoren, Transformatoren und andere elektrotechnische Erzeugnisse [107, 109].

Sehr aussichtsreich kann auch die Erzeugung verschiedenartigster Papiere und Vliesstoffe auf der Basis von billigen Polyolefinbindemiteln sein [110, 111]. Vliesstoffe mit fasrigen polymeren Bindemitteln auf Polyamid- oder Polyesterbasis fanden infolge ihrer hohen Preise keine weite Verbreitung [97, 98]. Recht aussichtsreich kann auch noch die Herstellung von Kunstleder auf der Basis von Polyurethanbindemitteln sein [109].

Thermohydroplastische Faserstoffe

Thermoplastische Faserstoffe weisen gewisse prinzipielle Nachteile auf, die ihre Einsatzgebiete begrenzen. Infolge der Beibehaltung der thermoplastischen Eigenschaften der Faserbindemittel besitzen die unter ihrer Verwendung hergestellten Materialien relativ niedrige Temperaturbereiche für ihren Einsatz. Thermoplastische Polymere und Faserstoffe sind meist wenig hydrophil, was ihren Einsatz in Materialien einschränkt, für die ein gutes Netzvermögen in wäßrigen Medien und eine gute Feuchteaufnahme gefordert wird.

Eine Abart der thermoplastischen Faserstoffe sind die thermohydroplastischen Faserstoffe, die bei gleichzeitiger Einwirkung von Wasser als Quellmittel und Wärme erweichen, ohne sich aufzulösen.

Der einzige industriell erzeugte Typ von thermohydroplastischen Chemiefaserstoffen sind Faserstoffe aus Polyvinylalkohol — VINOL (UdSSR), VINILON (Japan). Je nach der Art des Materials werden als Bindemittel VINOL-MVR-Fasern benutzt, die gegenüber Wasser im Temperaturbereich 65 bis 85 °C beständig sind (ausführlicher werden die Eigenschaften dieser Faserstofftypen weiter unten betrachtet).

Die Wechselwirkung zwischen den VINOL-Fasern und dem Wasser werden sowohl von den Eigenschaften und der Struktur des Polyvinylalkohols selbst als auch von den Herstellungsbedingungen des Faserstoffs bestimmt [112 bis 114].

Infolge der Plastifizierung der Faserstoffe in wäßrigem Medium werden ihre Schmelz- und Einfriertemperatur herabgesetzt.

Thermohydroplastische Faserstoffe quellen in kaltem Wasser begrenzt, so daß die Herstellung eines Flächengebildes oder eines Faserbandes mit hoher Naßfestigkeit möglich ist. Bei der anschließenden Trocknung erweichen sie und verkleben, wobei sich eine feste Bindung der Fasern untereinander wie auch mit den Grundfasern herausbildet. Nach Entfernung der Feuchte erweichen diese Verklebungen erst bei Temperaturen in der Nähe der Schmelztemperatur des Polyvinylalkohols; nach zusätzlicher Thermobehandlung erfolgt überhaupt kein Erweichen mehr. Dadurch werden die so gewonnenen Materialien gegen Temperatureinwirkungen genügend beständig.

Ein Zusatz von VINOL-Fasern zum Papierstoff bewirkt eine erhebliche Änderung des Gießprozesses und der Papiereigenschaften; der Mahlgrad des Stoffs und die Flächenmasse des Papiers nehmen ab. Erleichtert wird auch der Herstellungsprozeß von Vliesstoffen [107, 115 bis 119]. Die Reißlänge sowie die Berstfestigkeit von Papier bzw. Vliesstoff mit VINOL-Zusatz nehmen zu, die Weiterreißfestigkeit dagegen ab. Eine maximale Erhöhung der Festigkeit und der Bruchfestigkeit ist bei einem Zusatz von 10 bis 15% zu verzeichnen.

Angaben über die physikochemischen Eigenschaften der Fasern und die Ergebnisse von Untersuchungen zur Papierherstellung zeigen, daß man durch Zusatz verschiedener VINOL-Typen die Eigenschaften des Papiers bzw. Vliesstoffes in weiten Grenzen ändern kann. Setzt man Fasern mittlerer Wärmebeständigkeit (80 bis 85 °C) ein, so kann Papier mit höherer Reiß-, Berst- und Bruchfestigkeit erhalten werden, wobei die Weiterreißfestigkeit sogar noch etwas erhöht ist. Dieser Effekt läßt sich mit keiner anderen Art von Chemiefaserstoffen erzielen.

Zu erwähnen ist, daß der Zusatz von VINOL-Fasern aller Typen auch solche Eigenschaften des Papiers bzw. Vliesstoffs verbessert, wie chemische und biologische Beständigkeit, Lichtbeständigkeit, Fettbeständigkeit, Haltbarkeit u. a.

Mit VINOL-Zusatz wurden zahlreiche neue Papier- und Vliesstoffarten entwickelt: hochfeste Cellulosepapiere, synthetische Papiere, Filterpapiere für Luft, Motorentreibstoffe und Öle, organische Lösungsmittel. VINOL-haltige Papiere und Vliesstoffe wurden auch für Erzeugnisse für einmaligen Gebrauch (Wäsche, Servietten, medizinische u. a. Zwecke) eingesetzt [107, 115 bis 119].

Hochschrumpfende Faserstoffe

Hochschrumpfende Faserstoffe mit einer Schrumpfung von 25 bis 40% wurden aus Polyvinylchlorid, Polyacrylnitril, Polyäthylenterephthalat speziell für den Einsatz als Hochbauschgarne und Kunstleder entwickelt (120 bis 123). Stellt man Garn aus einem Gemisch von thermostabilisierten und von schrumpfenden Faserstoffen her und unterwirft es anschließend einer Feuchtwarmbehandlung, so nimmt es infolge der Schrumpfung eines Teiles der Fasern Hochbauschcharakter an. Aus solchen Garnen werden die verschiedensten Arten von Wirk- und Strickwaren mit geringer Wärmeleitfähigkeit und gefälligem Äußerem hergestellt.

Ein ähnlicher Prozeß wird auch bei der Herstellung der textilen Grundlage des Kunstleders angewandt. Während der thermischen Behandlung erhält diese die erforderliche Dichte und ermöglicht die Herstellung unterschiedlichster Arten von Kunstleder mit hoher Qualität.

Elektrisch leitende Faserstoffe

Die in der Elektro- und Radiotechnik eingesetzten Materialien, darunter auch Faserstoffe, können nach ihren elektrischen Eigenschaften in drei Gruppen eingeteilt werden: Leiter, Halbleiter und Dielektrika [124, 125]. Ihre wichtigsten Eigenschaften sind in der Tabelle 6 enthalten.

Als klassische Art von elektrisch leitenden Faserstoffen sind Metallfäden, Drähte und faserähnliche Metallteilchen anzusehen, die in der Elektro- und Radiotechnik sowie in anderen Gebieten in breitem Umfang eingesetzt werden [126, 127].

In zahlreichen Fällen wird zur Erzielung von elektrischer Leitfähigkeit von Faserstoffen oder Materialien auf ihnen oberflächlich eine dünne Metallschicht aufgebracht, und zwar durch Aufsprühen, Vakuumetallisieren oder elektrochemische Fällung [128, 129].

Eine neue Art von Polymermaterialien sind die Faserstoffe mit Halbleitereigenschaften, die ebenso wie andere Halbleitermaterialien auf verschiedenen Wegen erhalten werden können [89, 130 bis 134].

Ein erster Weg besteht in dem Zusetzen beträchtlicher Mengen elektrisch leitender Teilchen (mehr als 10 bis 30%) zur Spinnlösung oder Schmelze eines fadenbildenden Polymeren. Als derartige Zusätze kommen in Betracht: Ruß, Graphit, Metallpulver und andere Stoffe. Hergestellt wurden auf diese Weise mit Ruß gefüllte Faserstoffe auf der Basis von Regeneratcellulose, Polytetrafluoräthylen und nachchloriertem Polyvinylchlorid [135, 136]. Dieser Weg zur Gewinnung elektrisch leitender Faserstoffe ist jedoch recht kompliziert, er setzt eine hohe Dispersität des Füllstoffs voraus. Selbst bei Einhaltung dieser Vorbedingung wird die Fadenherstellung stark erschwert, die mechanischen Eigenschaften der erhältlichen Fäden verschlechtern sich, manchmal sogar ganz beträchtlich [135].

Faserstoffe mit Halbleitereigenschaften können erhalten werden, indem man den fertigen Faserstoffen lösliche Salze, Metalle oder andere elektrisch leitende Stoffe zusetzt.

Tabelle 6. Die wichtigsten Kennwerte für in der Elektro- und Radiotechnik eingesetzte Materialien

Materialklasse	Leitfähigkeitstyp	Spezifischer elektrischer Widerstand Ω cm	Vorzeichen des Temperaturkoeffizienten der Leitfähigkeit
Leiter	Elektronentyp	$10^{-8} \cdots 10^{-5}$	+
Halbleiter	Elektronentyp	$10^{-6} \cdots 10^{8}$	—
Dielektrikum	Elektronen- und Ionentyp	$10^{7} \cdots 10^{17}$	—

Das am meisten verbreitete Verfahren zur Gewinnung von Faserstoffen mit Halbleitereigenschaften ist jedoch die Schaffung eines Systems von konjugierten Doppelbindungen mit Hilfe von polymeranalogen Umsetzungen. Das Vorliegen von π-Elektronen in derartigen Systemen gewährleistet einen beständigen Leitfähigkeitseffekt. Als Beispiel seien angeführt: dehydratisierte Polyvinylalkoholfaserstoffe, dehydratisierte Polyacrylnitrilfaserstoffe (spezifischer elektrischer Widerstand etwa 10 bis $10^7\,\Omega m$), Kohlenstoff- und Graphitfaserstoffe (spezifischer elektrischer Widerstand etwa 10^{-5} bis $10^{-2}\,\Omega m$) [138, 139].

Die genannten Faserstoffe werden in der Elektro- und Radiotechnik in Form von Fäden, Kabeln, Geweben, Vliesstoffen, Papier, gefüllten Plasten und anderen Formen von Erzeugnissen bereits in breitem Umfang eingesetzt. Aus ihnen können beheizbare Kleidung, Schutzschirme, Widerstände mit hohem Temperaturkoeffizienten, Thermoelemente, antistatische Materialien und viele andere hergestellt werden [89, 139, 140].

In Mischungen mit anderen Faserstoffen erzeugen die elektrisch leitenden Faserstoffe einen beständigen antistatischen Effekt, wie er für Teppiche, Berufskleidung und andere Zwecke gefordert wird [141].

Faserstoffe-Dielektrika

Für Isolierungszwecke verwendet man in der Elektro- und Radiotechnik häufig Chemiefaserstoffe, die gute dielektrische Eigenschaften und vor allem geringe dielektrische Verluste aufweisen müssen. Diesen Forderungen genügen Faserstoffe mit möglichst unpolarer Struktur: Polytetrafluoräthylen, Polyäthylen, Polypropylen [125, 142]. Diese Polymeren besitzen eine dielektrische Durchlässigkeit ε von 2 bis 2,5 und einen dielektrischen Verlustwinkel $\tan\delta$ von $2 \cdot 10^{-4}$ bis $5 \cdot 10^{-4}$ bis zu Frequenzen von 10^{10} Hz. Häufig wird auch Polyäthylenterephthalatfaserstoff eingesetzt, dessen entsprechende Werte folgende sind: $\varepsilon \simeq 3{,}8$ und $\tan\delta \approx 0{,}02$.

Als Faserstoffe mit guten dielektrischen Eigenschaften lassen sich auch die thermisch beständigen Polyamid- und andere Faserstoffe verwenden [125, 142].

Lichtdurchlässige und lichtleitende (durchsichtige) Faserstoffe

Für zahlreiche Zwecke werden Faserstoffe benötigt, die eine gute Lichtdurchlässigkeit im sichtbaren Spektralbereich aufweisen. Die meisten fadenbildenden Polymeren sind in diesem Bereich ziemlich durchlässig; damit ihre Transparenz ausreichend ist, müssen sie jedoch folgende Besonderheiten aufweisen:

1. Der Querschnitt des Fadens muß erheblich über der Wellenlänge des sichtbaren Lichts liegen;
2. die Fäden müssen eine glatte Oberfläche besitzen;
3. die Fäden dürfen keine Poren, Risse, Hohlräume oder Fremdeinschlüsse enthalten.

Diesen Forderungen genügen nur nach dem Schmelzspinnverfahren ersponnene Monofile (Polyamid, Polyester, Polyolefine). Eingesetzt werden diese Monofile als transparente Nähfäden, womit sich nichthervortretende Nähte erzeugen lassen [143 bis 147].

Glas- und organische Faserstoffe fanden auch breite Verwendung als optische Faserstoffe für Lichtleiter [148 bis 152]. In diesem Falle wird von den Faserstoffen eine besonders hohe Transparenz gefordert, die gewöhnlich nur amorphe Polymere aufweisen (Polystyrol, Polymethylmethacrylat). Häufig werden optische Faserstoffe als Bikomponentenfaserstoffe hergestellt, wobei an der Grenzfläche zwischen dem Außenmantel und dem Kern eine vollständige innere Reflexion stattfindet (was durch die Wahl der Brechungsindices der Komponenten gewährleistet wird) [150 bis 152].

Lumineszierende Faserstoffe

Um neue Farbeffekte in Textilerzeugnissen hervorzurufen, begann man Faserstoffe mit Zusätzen optisch aktiver Füllstoffe, hauptsächlich solchen mit Lumineszenzfähigkeit, einzusetzen. Am verbreitetsten ist das Verfahren des optischen Aufhellens mit Substanzen (Farbstoffen), die das Spektrum des reflektierten Lichts nach Weiß hin verändern, d. h., das Auge nimmt das reflektierte Licht als Weiß wahr. Auf diese Weise werden Viskose-, Polyamid- und andere Faserstoffe aufgehellt [153, 154].

In einer Reihe von Fällen setzt man dem Faserstoff in anderen Farben lumineszierende Stoffe zu, die unter der Einwirkung von sichtbarem oder ultraviolettem Licht leuchten. Mit derartigen Faserstoffen lassen sich beeindruckende Farbeffekte erzielen, z. B. für Theaterkostüme und ähnliche Anwendungszwecke.

Chemisch beständige Faserstoffe

Zu den chemisch beständigen Faserstoffen rechnet man gewöhnlich alle Faserstoffe, die gegenüber der Einwirkung chemisch aktiver Medien beständig sind. Am häufigsten kommen folgende Einwirkungen in Betracht:

1. Einwirkung von Säuren oder Alkalien, die hydrolytischen Abbau oder Abspaltung von funktionellen Seitengruppen hervorrufen;
2. Einwirkung von Oxydantien mit oxydativem Abbau der Hauptkette oder funktioneller Seitengruppen;
3. Einwirkung von Lösungsmitteln unter Quellung (Plastifizierung) oder sogar Auflösung des Faserstoffs;
4. Einwirkung von Chemikalien, die sich unter Bildung von „modifizierenden" funktionellen Gruppen an die Hauptkette anlagern;
5. Sonstige Einwirkungen.

In den meisten Fällen wirken auf die Faserstoffe mehrere Faktoren gleichzeitig ein: Chemikalien, erhöhte Temperatur, Sonnenlicht usw.

Viele übliche Chemiefaserstoffe sind gegenüber diesen oder jenen Medien beständig. So sind z. B. alle Faserstoffe mit Kohlenstoffkette praktisch gegenüber hydrolysierenden Mitteln und auch gegen fermentativen Abbau beständig.

Faserstoffe auf der Basis unpolarer Polymerer sind gegenüber polaren Lösungsmitteln beständig, Faserstoffe aus polaren Polymeren gegenüber unpolaren Lösungsmitteln und Erdölprodukten.

Die meisten lyophoben Faserstoffe zeigen sich gegenüber vielen Chemikalien bei normaler Temperatur ausreichend beständig, und zwar schon aus dem Grunde, daß das Hineindiffundieren der Chemikalien ziemlich langsam erfolgt. Derartige Faserstoffe kann man jedoch nicht zu den ausgesprochen chemisch beständigen Faserstoffen zählen. Wirklich chemisch beständig sind nur solche Faserstoffe, die bei ziemlich harter Einwirkung der genannten Medien keine Veränderung erleiden.

Sehr beständig sind Faserstoffe auf der Basis von halogenhaltigen Polymeren: Polytetrafluoräthylen, Polychlortrifluoräthylen, Polyvinylchlorid (mit in der Reihenfolge abnehmender Beständigkeit) [63, 155 bis 157].

Die höchste chemische Beständigkeit unter fast allen Faserstoffen besitzen solche auf Polytetrafluoräthylenbasis. Erklären läßt sich das mit der von allen Elementen höchsten Elektronegativität des Fluors und demzufolge mit der Bildung sehr fester Fluor/Kohlenstoff-Bindungen. Praktisch sind diese Faserstoffe beständig gegenüber Säuren, Alkalien, Oxydantien, Lösungsmittel [158 bis 160]. Zu bedenken ist jedoch, daß die Herstellung von Polytetrafluoräthylenfaserstoffen wegen der Unschmelzbarkeit und Unlöslichkeit des Polymeren ziemlich kompliziert ist (ersponnen wird aus einer Dispersion in einem Polymerverdicker, der danach verbrannt wird, wobei die Polytetrafluoräthylenteilchen unter Fadenbildung zusammensintern) [63, 155 bis 162]. Deshalb sind auch die physikalisch-mechanischen Kennwerte dieses Faserstoffs nicht sehr hoch.

Faserstoffe aus Polychlortrifluoräthylen und einigen fluorhaltigen Polymeren lassen sich aus Lösungen oder Schmelzen erspinnen [1]. Sie besitzen ausreichende mechanische Eigenschaften und eine nicht viel schlechtere chemische Beständigkeit als Polytetrafluoräthylenfaserstoff (außer gegenüber Lösungsmitteln).

Ausreichend beständig sind in einer Reihe von Fällen Faserstoffe aus Polyvinylchlorid und nachchloriertem Polyvinylchlorid gegenüber Lösungen von Säuren, Salzen, Alkalien (dank ihrer Kohlenstoffkette) und können deshalb ebenfalls als chemisch beständig angesehen werden.

Eine hohe Beständigkeit gegenüber verschiedenen Medien weisen Kohlenstoffaserstoffe (Graphit, Kohle), Faserstoffe auf der Basis von Bor, Bornitrid, Siliciumcarbid, Aluminiumoxid u. a. auf.

Eingesetzt werden die chemisch beständigen Faserstoffe zur Herstellung von Filtermaterialien, Arbeitsschutzkleidung, Stopfbuchsen, Einlagen und anderen Erzeugnissen.

Ionenaustauscherfaserstoffe

Faserstoffe mit Ionenaustauschereigenschaften lassen sich sowohl durch Modifizierung der fadenbildenden Ausgangspolymeren als auch der fertigen Faserstoffe und Erzeugnisse herstellen [5 bis 7, 163 bis 165]. Die häufigsten austauschfähigen Gruppen sind: Carboxyl-, Sulfo-, Amino-, Amid- und einige andere Gruppen, die auf den verschiedensten Wegen in den Faserstoff eingeführt werden können.

Zu beachten ist jedoch, daß Ionenaustauscher auf der Basis von Faserstoffen meist wiederholt verwendet werden sollen und deshalb einen ganzen Komplex von guten Eigenschaften aufweisen müssen: hohe Austauschkapazität, gute mechanische Eigenschaften, ausreichende chemische Beständigkeit, die dazu noch alle in der gleichen Höhe erhalten bleiben sollen. Schließlich sollen sie auch noch ziemlich billig sein. Außerdem müssen sie eine gute Quellbarkeit in Wasser oder wäßrigem Medium besitzen, damit die aktiven funktionellen Gruppen für den auszutauschenden Stoff zugänglich sind.

Einige der genannten Forderungen widersprechen einander. So hindert z. B. die Forderung nach maximalem Gehalt an Austauschergruppen, deren maximaler Zugänglichkeit, folglich auch maximaler Quellbarkeit, die Herstellung von Faserstoffen mit hohen mechanischen Eigenschaften.

Trotz dieser Schwierigkeiten ist der Einsatz von Ionenaustauscherfaserstoffen in einer Reihe von Fällen praktisch zweckmäßig und ökonomisch.

Ionenaustauscherfaserstoffe und Erzeugnisse aus ihnen sind im Vergleich zu den üblichen Ionenaustauschern in Granulatform von beträchtlichem Interesse, sie besitzen eine hohe Festigkeit und geringere geometrische Abmessungen. Ihre Einsetzbarkeit in Form von porösen Faserschichten (Gewebe, Vliesstoffe) eröffnet neue Möglichkeiten für die Ionenaustauschtechnologie.

In einigen Fällen ist die nur einmalige Verwendung der Ionenaustauschfaserstoffe zweckmäßig, z. B. bei der Extraktion edler oder seltener Metalle aus ihren verdünnten Salzlösungen. Nach Beendigung des Sorptionsprozesses kann das Material verascht werden, wobei die verbleibende Asche leicht aufgearbeitet werden kann. Das gleiche trifft auch auf die Reinigung von Flüssigkeiten von radioaktiven und anderen Verunreinigungen zu.

Die meisten Faserstoffe mit den verschiedensten austauschfähigen funktionellen Gruppen wurden auf der Basis von Cellulosefaserstoffen entwickelt; aussichtsreich sind in einer Reihe von Fällen auch Faserstoffe aus Polyacrylnitril, Polyvinylalkohol und anderen Polymeren [5 bis 7, 163 bis 165]. Die Austauschkapazität liegt zwischen 0,5 und 6 mgval/g.

Trotz der mit der Herstellung derartiger Faserstoffe und der Regulierung ihrer Eigenschaften verbundenen Schwierigkeiten zeigt die Vielfalt der praktischen Aufgaben die Zweckmäßigkeit weiterer Forschungen und der Suche nach neuen Einsatzgebieten.

Elektronenaustauscherfaserstoffe

Bei den Faserstoffen mit Elektronenaustauschereigenschaften oder auch „Redox-Faserstoffen" handelt es sich um eine neue, sehr interessante Art von reaktionsfähigen Faserstoffen [5, 6, 166]. Vor den üblichen granulierten Elektronenaustauscherharzen besitzen sie eine ganze Reihe von Vorteilen, ähnlich wie im Falle der bereits behandelten Ionenaustauscherfaserstoffe.

Redoxfaserstoffe lassen sich aus Cellulose, Polyvinylalkohol und anderen fadenbildenden Polymeren herstellen; sie besitzen eine Anfangsaustauschkapazität von 0,5 bis 4 mgval/g.

Eingesetzt werden sie zur Durchführung von Oxydations- oder Reduktionsreaktionen in Lösungen, zur Entfernung von freiem Sauerstoff und Chlor aus dem Wasser, zur Reduktion von Metallen aus ihren Salzen und für andere ähnliche Zwecke.

Erheblich erschwert wird ihr Einsatz durch den relativ raschen Abfall der Austauschkapazität infolge der ungenügenden chemischen Beständigkeit dieser Faserstoffe während ihres Einsatzes [167]. Dieser Mangel konnte bisher noch nicht in genügendem Maße beseitigt werden.

Semipermeable Faserstoffe

Als semipermeable Faserstoffe werden meist Acetathohlfäden (seltener Polyamidfäden) mit einem Durchmesser von 25 bis 250 μm und einer Wandstärke von 5 bis 50 μm eingesetzt [168 bis 171]. Sie befinden sich in einer an einen Wärmeaustauscher erinnernden Apparatur in einer Menge von etwa einer Million Fasern. Die zu entsalzende wäßrige Lösung befindet sich in dem Raum zwischen den Fasern, wo ein den osmotischen Druck übersteigender Druck erzeugt wird. Auf Grund der Erscheinung der umgekehrten Osmose verarmt dabei die Lösung an dem Lösungsmittel. Dieses gelangt in die Hohlräume der Fäden und wird aus ihnen einem Sammelbehälter zugeführt. Erfolgreich wird das Verfahren der umgekehrten Osmose zur Wasserentsalzung, Abwasserreinigung und für andere Zwecke angewandt.

Faserstoffe als Sorbentien

Viele Arten von Chemiefaserstoffen besitzen einen hohen Gehalt an inneren Poren und eine große spezifische Oberfläche, z. B. Cellulose-, Polyacrylnitril-, Kohlenstoff- und andere Faserstoffe. So erreicht die spezifische Oberfläche bei einigen Arten von Kohlenstoffäden 300 bis 400 m^2/g, bei Polyacrylnitrilfaserstoffen 100 bis 200 m^2/g, weshalb sie als ausgezeichnete Sorbentien für Dämpfe und andere Stoffe sowohl aus der Gasphase als auch aus Lösungen anzusehen sind [89, 133, 134, 172]. Insbesondere werden die Sorptionseigenschaften von Chemiefaserstoffen als Zigarettenfilter genutzt. Für diese Zwecke werden zahlreiche Faserstoffe hergestellt, die eine gute Sorptionsfähigkeit für die Komponenten des Tabakrauchs aufweisen [173 bis 175].

Selektiv benetzbare Faserstoffe

Die Benetzbarkeit von Faserstoffen durch Flüssigkeiten hängt sehr vom Verhältnis ihrer Polarität ab: je stärker polar das Polymere ist, um so stärker wird es auch durch polare Flüssigkeiten benetzt und umgekehrt.

Die Fähigkeit von Faserstoffen zur selektiven Benetzbarkeit wird in einer Reihe von Fällen zur Trennung von Flüssigkeitsgemischen ausgenutzt. So gibt es Vorschläge zur

Reinigung der Wasseroberfläche von Erdölprodukten unter Einsatz von Polyolefin- oder Polystyrolfaserstoffen [176, 177]. Durch Kombination von unpolaren und polaren Faserstoffen lassen sich offenbar Gemische von Wasser mit unpolaren Kohlenwasserstoffen trennen.

Biologisch aktive Faserstoffe

Zu den biologisch aktiven Faserstoffen gehören solche mit antimikrobieller (bakterizider), blutstillender und anderer Wirkung. Erhältlich sind sie, indem man in den Faserstoff oder das fertige Erzeugnis entsprechende Verbindungen mit biologischer Aktivität einführt [5 bis 7, 178 bis 180]. Diese Verbindungen können mit dem Faserstoff durch covalente oder ionische Bindungen gebunden sein. Deshalb werden in einigen Fällen als biologisch aktive Faserstoffe mit Schwermetallionen (Silber, Quecksilber, Eisen, Kupfer) oder medizinischen Präparaten „beladene" Ionenaustauschfaserstoffe, die basische (dreiwertigen Stickstoff) oder saure Gruppen (z. B. Carboxylgruppen) enthalten, eingesetzt.

Viele medizinische Präparate lassen sich der Spinnlösung oder Schmelze in Form feiner Suspensionen zusetzen oder können dem Faserstoff durch Tränken zugesetzt werden.

Als bakterizide Mittel kommen Antibiotika, Derivate des Phenols und der Salicylsäure sowie Verbindungen der Nitrofuranreihe u. a. in Betracht.

Als Ausgangspolymere für die Herstellung von biologisch aktiven Faserstoffen dienen Cellulose, Celluloseacetat, Polyvinylalkohol, Polyamide, Polyacrylnitril und andere.

Einer der wichtigsten Aspekte für die Herstellung biologisch aktiver Faserstoffe ist das Verfahren zur Fixierung der medizinischen Präparate, damit diese allmählich in der gewünschten Menge vom Faserstoff abgegeben werden und in einem bestimmten Umkreis ihre bakterizide, desinfizierende oder andere Wirkung entfalten. Eine zu rasche Abspaltung führt zum Verlust der spezifischen Eigenschaften (falls das Erzeugnis nicht für nur einmaligen Gebrauch bestimmt ist) oder kann sich infolge Erhöhung der Konzentration des Präparates über die zulässige negativ auf den lebenden Organismus auswirken.

Zahlreiche biologisch aktive Faserstoffe sind durch Modifizierung von Cellulose und Polyvinylalkohol gewonnen worden [5 bis 7, 178 bis 180], darunter folgende Typen:

1. Antimikrobielle (bakterizide) Faserstoffe,
2. Fungizide Faserstoffe,
3. Faserstoffe mit anästhesierenden Eigenschaften,
4. Faserstoffe mit blutstillenden Eigenschaften,
5. Faserstoffe mit gerinnungshemmenden Eigenschaften,
6. Faserstoffe mit entzündungshemmenden Eigenschaften,
7. Faserstoffe mit kombinierter Wirkung.

Als Beispiele für Erzeugnisse aus Faserstoffen mit besonderen biologischen (medizinischen) Eigenschaften seien angeführt:

1. Verbandmaterialien: Binden, Tampons, Spezialwatte u. a. (alle Materialien nur für einmaligen Gebrauch),
2. verschiedene Materialien für einmalige Benutzung: sterile Verpackungsmaterialien, Servietten, Filtermaterialien, Masken,
3. Erzeugnisse für wiederholte Verwendung: Wäsche, Strümpfe, Schuhe, spezielle Schutzkleidung u. a.,
4. Materialien zur Verwendung im lebenden Organismus: chirurgisches Nähmaterial, Prothesen für Blutgefäße und andere Teile innerer Organe.

Alle diese Materialien werden in unterschiedlicher Menge mit den verschiedensten speziellen und allgemeinen Eigenschaften benötigt; außerdem sollen sie möglichst billig sein, besonders für die drei ersten Gruppen von Erzeugnissen. Die höchsten Anforderungen bei gleichzeitig geringerem Bedarf und hohen Kosten werden an die in der vierten Gruppe aufgezählten Materialien gestellt.

Ein sehr wichtiges Anwendungsgebiet für biologisch aktive Faserstoffe mit antimikrobiellen Eigenschaften ist der Schutz von Textilerzeugnissen vor Befall durch Mikroorganismen oder Pilze.

Ungeachtet der mit der Herstellung und der Anwendung von biologisch aktiven Faserstoffen verbundenen Schwierigkeiten sind entsprechende umfangreiche Forschungen und Tests in dieser Richtung doch sehr angebracht.

Lösliche Faserstoffe

In zahlreichen Zweigen von Wissenschaft und Technik werden Faserstoffe benötigt, die die Fähigkeit besitzen, unter bestimmten Bedingungen zu quellen und sich leicht aufzulösen.

Im Prinzip können die meisten Faserstoffe in irgendwelchen Lösungsmitteln aufgelöst werden, so z. B. Cellulosefaserstoffe in Cuoxam, Acetat- und Polyvinylchloridfaserstoffe in Aceton, Polyamidfaserstoffe in starker Schwefel- und Ameisensäure usw.

Als lösliche Faserstoffe im eigentlichen Sinne können jedoch nur diejenigen angesehen werden, die in den üblichen Lösungsmitteln, vor allem in wäßrigen Lösungen oder Wasser, leicht löslich sind [114, 181 bis 188].

Die im Vergleich zu den gewöhnlichen Textilfaserstoffen relativ kleine Gruppe der löslichen Faserstoffe umfaßt nur wenige Arten von Chemie- und Naturfaserstoffen. Zu den letzteren gehört die Seide, zu den ersteren Alginatfaserstoffe, Faserstoffe aus einigen Celluloseäthern, Polyvinylalkohol und Polyäthylenoxid. Die Eigenschaften dieser Faserstoffe sind in der Tabelle 7 zusammengestellt.

Vorgeschlagen wurde auch die Herstellung von löslichen Faserstoffen aus anderen Polymeren, insbesondere zahlreichen Cellulosederivaten. Für den praktischen Einsatz kommen sie jedoch kaum in Betracht. Ihr Hauptnachteil ist die geringe Naßfestigkeit (höchstens 5 bis 30% derjenigen im trockenen Zustand).

Am aussichtsreichsten für industrielle Zwecke sind lösliche Polyvinylalkoholfaserstoffe (VINOL MVR), die die höchste Festigkeit im trockenen Zustand und deren geringste Abnahme im nassen Zustand aufweisen (Naßfestigkeit 50 bis 75% der Festigkeit im trockenen Zustand).

Je nach den Bedingungen der thermischen Behandlung lassen sich vier Haupttypen mit unterschiedlicher Lösetemperatur herstellen:

Typ	MVR-65	MVR-75	MVR-85	MVR-95
Temperatur der Auflösung in Wasser, in °C	60···70	70···80	80···90	90···98

Lösliche Faserstoffe werden anstelle von Naturseide zur Herstellung von Spitzen, zarten durchbrochenen Geweben sowie zur Trennung von Gewirken bei der Veredlung und in einer Reihe anderer Fälle eingesetzt [114, 181, 182, 188]. Zweckmäßigerweise verwendet man sie auch zur zeitweiligen Verstärkung der Kanten in der Weberei, zur Erzielung von durchbrochenen Effekten bei Geweben, von speziellen Effekten in Gewirken, zur Trennung von Spitzen- und Strumpferzeugnissen sowie für zahlreiche andere Hilfsoperationen in der Textil- und Leichtindustrie. Von großem Interesse ist auch die Herstellung von wasserlöslichen Geweben und Papier.

Resorbierbare Faserstoffe

Resorbierbare Faserstoffe werden in der Medizin als Nähmaterial und für andere chirurgische Zwecke benötigt. Als resorbierbare Faserstoffe sind solche anzusehen, die im lebenden Organismus durch Fermente bis zu niedermolekularen Verbindungen abgebaut werden, z. B. Eiweißfaserstoffe. In wäßrigen Medien lösliche Faserstoffe (z. B. Polyvinylalkohol) werden zwar im lebenden Organismus auch

Tabelle 7. Die wichtigsten Eigenschaften löslicher Faserstoffe

Faserstoff	Sortiment, Feinheit	Dichte	Festigkeit, p/tex		Dehnung trocken	Feuchteanteil bei 65% rel. Luftfeuchte	Lösebedingungen
	den	g/cm³	trocken	naß	%	%	
Polyvinylalkohol	Seide (5···200) Faser (0,1···0,55)	1,27···1,30	25···40	17···30	18···30	3,5···5	Wasser oberhalb 60 bis 80 °C
Polyäthylenoxid	Seide	1,23	9,26	—	50···70	—	Wasser bei geringer Erwärmung
Hydroxyäthylcellulose	Seide Faser	1,46···1,48	12···18	4···6	10···20	—	Wasser oder verd. Lauge
Carboxymethylcellulose	Seide Faser	1,48···1,5	12···18	1,5···2	6···8	—	verdünnte Lauge
Cellulosesulfat	Seide Faser	1,53	12···14	0	11···12	11···13	verdünnte Lauge
Alginat	Faser	1,72···1,78	8···19	1···2,5	6···14	—	Schwach alkal. Lösgg. bei Erwärmung
Eiweiß (Naturseide)	Zwirn (15···47)	1,33···1,34	25···35	22···32	15···30	—	alkal. Lösgg. beim Kochen

allmählich resorbiert, aber nicht abgebaut. Sie werden deshalb nur äußerst langsam aus dem Organismus entfernt, und ihre polymeren Abbauprodukte können sich in den inneren Organen (z. B. der Leber) ansammeln, wodurch sie unerwünschte Nachwirkungen hervorrufen.

Am leichtesten unterliegen im lebenden Organismus die aus α-Aminosäuren, α-Hydroxysäuren oder Cellulosederivaten bestehenden Faserstoffe der hydrolytischen Spaltung. Als klassisches Beispiel mag Catgut dienen, das aus Schaf- oder Ziegendarm gefertigt wird. Es besitzt eine Feinheit von 11 bis 400 den und eine Festigkeit von 30 bis 33 p/den bei 20 bis 30% Dehnung.

In den letzten Jahren wurden Untersuchungen zur Gewinnung von künstlichen resorbierbaren Kollagenfaserstoffen begonnen [189 bis 191]. Ihre Festigkeit liegt zwischen 20 und 25 p/den bei 17 bis 24% Dehnung. Eingesetzt werden können sie als chirurgisches Nähmaterial sowie als resorbierbare Netze, Röhrchen, Tampons u. a.

Vor kurzem wurden Faserstoffe aus Polyglykolsäure als resorbierbare Nähmaterialien vorgeschlagen [192 bis 195].

Vorgeschlagen wurden für diese Zwecke Faserstoffe auf der Basis von Carboxymethylcellulose sowie Monocarboxylcellulose [196]. Ihr Einsatz wird jedoch offenbar durch die schlechten mechanischen Eigenschaften im nassen Zustand gehindert.

Leicht abbaubare Faserstoffe

Mit zunehmender Verbilligung der Faserstoffe zeigte sich in den letzten Jahren eine Tendenz zur Herstellung von sogenannten Einweg- oder Wegwerferzeugnissen. Besonders für diese Zwecke wurden leicht abbaubare Faserstoffe entwickelt. So läßt sich z. B. durch Einführen von lichtempfindlichen Zusätzen in den Faserstoff (bis 2%) dieser leicht durch Lichteinwirkung abbauen [197]. Von besonderer Bedeutung ist das im Falle von Faserstoffen mit Kohlenstoffkette (z. B. Polyolefinfaserstoffe), die von Mikroorganismen nicht zerstört werden.

Ausblick

Charakteristisch für die Faserstoffe mit speziellen Eigenschaften ist ihr begrenzter Bedarf; ihr Produktionsumfang ist gering oder höchstens mittel. Bedingt läßt sich sagen, daß dazu Faserstoffe gehören, bei denen der Bedarf an ihnen sich im ersten Falle in der Größenordnung von einigen Dutzend oder hundert Tonnen und im zweiten Falle von einigen tausend Tonnen bewegt. Die Entwicklung von Wissenschaft und Technik führt jedoch ständig zu einer Veränderung des Bedarfs an Faserstoffen, so daß viele der Faserstoffe mit begrenztem Produktionsumfang zu Erzeugnissen des Massenbedarfs werden können. Das kann z. B. bei den Faserstoffen auf Kohlenstoffbasis und bei einigen anderen der Fall sein. Gleichzeitig werden aber auch wieder andere Arten von Faserstoffen mit geringem Produktionsumfang entwickelt werden.

Der Produktionsumfang eines beliebigen Faserstoffs wird durch eine Reihe von Faktoren bestimmt, wie Eigenschaften, Rohstoffquellen, Kosten, Konkurrenzmaterialien, Entwicklung des industriellen Potentials des Landes u. a. Jeder dieser Faktoren beeinflußt bei seiner Veränderung das Produktionsvolumen.

Infolge des geringen Produktionsvolumens ist ein Teil der neuen Faserstoffe mit spezifischen Eigenschaften recht teuer. Die Steigerung der Produktion und vor allem der Einsatz billigerer Rohstoffe wird bereits in den nächsten Jahren zu einer Verbilligung dieser Faserstoffe führen. Großen Einfluß auf die Senkung der Rohstoffkosten kann die Entwicklung der Produktion anderer Polymermaterialien (Folien, Lacke, Plaste) ausüben, die die gleichen Ausgangsprodukte benötigen. Aber auch in der Zukunft werden die Preise für die Faserstoffe mit geringem Produktionsumfang noch verhältnismäßig hoch sein, Deshalb kommt auch der richtigen Wahl ihrer Einsatzgebiete erhebliche Bedeutung zu.

Trotz zahlreicher Schwierigkeiten bei der Herstellung und dem Einsatz der Faserstoffe mit spezifischen Eigenschaften führt ihre Unersetzbarkeit auf zahlreichen Gebieten zu einer ständigen Erhöhung ihrer Produktion sowie zur Entwicklung neuer Arten und Typen.

Literatur

[1] *Perepelkin, K. E., Smirnov, V. S.,* und *Šapiro, E. S.:* Neue Chemiefaserstoffe für technische Zwecke (russ.). Moskva: Izd. Chimija 1973, S. 5.

[2] *Rogovin, Z. A.:* Grundlagen der Chemie und Technologie der Chemiefaserstoffe (russ.). Moskva: Izd. Chimija 1964. Bd. II.

[3] *Konkin, A. A.*, und *Kudrjavcev, G. I.*: Modifizierung von Chemiefaserstoffen. Ž. vsesojuz. chim. Obšč. Mendeleeva (Z. chem. Alluinions-Mendelejew-Ges.) **11** (1966) 6, S. 637–647.

[4] *Konkin, A. A.*: Modifizierung von synthetischen Faserstoffen. Chim. Volokna (Chem. Fasern) (1969) 1, S. 7–9.

[5] *Rogovin, Z. A.*: Neue Cellulosematerialien (russ.). Moskau: Izd. Znanie 1967.

[6] *Rogovin, Z. A.*: Chemische Umwandlungen und Modifizierung der Cellulose (russ.). Moskva: Izd. Chimija 1967.

[7] *Vol'f, L. A.*, und *Meos, A. I.*: Spezielle Faserstoffe (russ.). Moskva: Izd. Chimija 1971.

[8] *Petrjanov, I. V.*, und *Kozlov, V. I.*: Filtermaterialien FP auf Faserstoffbasis (russ.). Moskva: Izd. Znanie 1968.

[9] *Pugač, V. M., Dergačev, V. S., Utevskij, K. E.*, und *Perepelkin, O. S.*: Erzeugung von überfeinen Fasern. Tekstil. Prom., Moskva (Textil-Ind.) (1968) 12, S. 76.

[10] *Böhringer, H.*, und *Bolland, F.*: Entwicklung und Erprobung profilierter Synthesefasern mit und ohne Hohlraum. 43. Mitt. Inst. Textiltechnologie Chemiefasern, Rudolstadt. Faserforsch. u. Textiltechnik **9** (1958) 10, S. 406–416.

[11] *Egorov, Ju. A., Jakubov, N. I.*, und *Katoržnov, N. D.*: Herstellung von KAPRON-Röhrchen von geringem Durchmesser. Chim. Volokna (Chem. Fasern) (1964) 4, S. 67–68.

[12] *Bruck, O. E.*: Canad. Textile J. **73** (1957) 17, S. 83, 87.

[13] *Kukin, G. N.*, und *Solov'ev, A. N.*: Textilmaterialkunde, Teil II (russ.). Moskva: Izd. Legkaja Industrija 1964.

[14] *Zak, A. F.*: Physikochemische Eigenschaften von Glasfaserstoff (russ.). Rostechizdat 1962.

[15] *Perepelkin, K. E.*: Beziehung zwischen der Struktur und einigen mechanischen Eigenschaften von Faserstoffen vom Gesichtspunkt der Festkörperphysik. Faserforsch. u. Textiltechnik **22** (1971) 4, S. 171–186.

[16] *Perepelkin, K. E.*: Struktur und mechanische Eigenschaften von hochorientierten Polymeren. Angew. makromol. Chemie **22** (1972) S. 181–204.

[17] *Perepelkin, K. E.*: Materialien der Konferenz über fadenbildende Polymere und ihre Verarbeitung, Mai 1973, ČSSR. Vgl. Chem. Vlakna, Svit (Chemiefasern).

[18] *Perepelkin, K. E.*: Über die theoretisch und praktisch erreichbaren elastischen und Festigkeitseigenschaften von Chemiefaserstoffen. Chim. Volokna (Chem. Fasern) (1966) 2, S. 3–13.

[19] *Perepelkin, K. E.*: Mech. Polimerov (Mechanik d. Polymeren) (1966) 1, S. 34; (1966) 6, S. 845.

[20] *Gorbačeva, V. O., Zav'jalova, N. N., Majboroda, V. I., Milkova, L. P., Bunareva, Z. S., Krasova, I. I.*, und *Proskurevna, T. M.*: Physikalisch-mechanische Eigenschaften von Hochmodul-Viskoseseide. Chim. Volokna (Chem. Fasern) (1971) 3, S. 49–51.

[21] *Mark, H.*: Neuere Fortschritte bei Zellulosefasern. Chemiefasern (1965) 6, S. 422–427.

[22] *Žurkov, S. N., Levin, B. Ja.*, und *Savickij, A. V.*: Hochfeste polymere Faserstoffe. Dokl. Akad. Nauk SSSR (Ber. Akad. Wiss. UdSSR) **186** (1969) 1, S. 132 bis 135.

[23] *Perepelkin, K. E., Lelinkov, O. S., Utevskij, L. E., Mazo, A. I., Pugač, B. M.*, und *Ulitin, O. N.*: Hochmodul-Polyvinylalkoholfäden. Chim. Volokna (Chem. Fasern) (1969) 5, S. 69.

[24] *Lelinkov, O. S., Utevskij, L. E.*, und *Perepelkin, K. E.*: Einfluß einiger Herstellungsbedingungen von Hochmodul-Polyvinylalkoholfaserstoffen auf ihre Eigenschaften. Chim. Volokna (Chem. Fasern) (1969) 6, S. 45–47.

[25] *Meos, A. I., Vol'f, L. A.*, und *Afanas'eva, G. N.*: Eine neue unlösliche Faser aus Polyvinylalkohol. Chim. Volokna (Chem. Fasern) (1963) 3, S. 18–20.

[26] *Zwick, M. M.*, und *van Bochove, C.*: Wet spinning of high-strength, low elongation polyvinylalkohol fibers. Textile Res. J. **34** (1964) 5, S. 417–430.

[27] *Ulitin, O. N., Perepelkin, K. E.*, und *Chromova, T. G.*: Neue Chemiefaserstoffe für technische Zwecke (russ.). Moskva: Izd. Chimija 1973, S. 101.

[29] Chem. Week **108** (1971) 18, S. 56.

[30] Superfester synthetischer Faserstoff VNIIVLONN. Chim. Volokna (Chem. Fasern) (1971) 1, S. 76.

[31] Thermisch beständiger Polyamidfaserstoff TERLON. Chim. Volokna (Chem. Fasern) (1972) 6, S. 20–21.

[32] *Kudrjavcev, G. I.*: Herstellungsmethoden von thermisch beständigen Faserstoffen. Ž. vsesojuz. chim. Obšč. Mendeleeva (Z. chem. Allunions-Mendelejew-Ges.) **17** (1972) 6, S. 625–631.

[33] *Black, W. B.*: Polymer Preprints **13** (1972) 1, S. 619, 620.

[34] *Preston, J.*: Polymer Preprints **13** (1972) 1, S. 619.

[35] Polyamide, deren Herstellung und Anwendungen, insbesondere zur Erzeugung von Faserstoffen. FRP 1526745 vom 13. 6. 1967. Inh.: E. I. du Pont de Nemours & Co. Int. Kl.: D 01f u. C 08g 20/00.

[36] Neues aus der Chemiefaserproduktion (russ.). Red. *Rogovin, Z. A.*, und *Popkova, S. P.*, Moskva: Izd. Mir 1968.

[37] *Kotina, V. E., Konkin, A. A., Gorbačeva, V. O.*, und *Erofeeva, N. F.*: Herstellungsverfahren und Eigenschaften von Kohlenstoff-Faserstoffen. Chim. Volokna (Chem. Fasern) (1969) 6, S. 1–8.

[38] *Bobrov, L. I.*: Hitzefeste Faserstoffe. Chim. Volokna (Chem. Fasern) (1968) 3, S. 71–75.

[39] Verstärkte Polymermaterialien (russ.). Red. *Rogovin, Z. A., Valeckij, P. M.*, und *Kerber, M. L.* Moskva: Izd. Mir 1968.

[40] *Perepelkin, K. E.*: Fizii. chim. Mechanika materialov (Physikochem. Mechanik d. Materialien) **8** (1972) 2, S. 74.

[41] Chem. engng. News **42** (1967) S. 28.

[42] *Fresen, H.*: Melliand Textilber. internat. **52** (1971) 1, S. 3.

[43] *Konkin, A. A.*, und *Konnova, N. F.*: Kohlenstoffäden. Ž. vsesojuz. chim. Obšč. Mendeleeva (Z. chem. Allunions-Mendelejew-Ges.) **17** (1972) 6, S. 632–639.

[44] *Fridman, L. I.*, und *Rajkin, V. G.*: Neue Chemiefaserstoffe für technische Zwecke (russ.). Moskva: Izd. Chimija 1973, S. 44.

[45] *Economy, J.*, und *Anderson, R. V.*: Properties and uses of boron nitride fibers. Textile Res. J. **36** (1966) 11, S. 994–1003.

[46] *Economy, J.*: IEC. Res. Development **18** (1967) 6, S. 28.

[47] *Schwartz, R. T.*, und *Schwartz, H. S.*: Raketn. Techn. i Kosmon. (Raketentechnik u. Kosmonautik) **5** (1967) 2, S. 119.

[48] *Karrol-Porczinski, C. Z.*: Advanced Materials. Guildford 1962.

[49] Modern Composite Materials. Red.: *Broutman, L. J.*, und *Krock, R. H.* California 1967.

[50] Whisker Technology. Red.: *Levitt, A. P.*, New York 1970.

[51] *Berežkova, G. V.*: Fadenförmige Kristalle (russ.). Moskva: Izd. Nauka 1969.

[52] *Lepetov, V. A.*: Technische Gummierzeugnisse (russ.). Moskva: Izd. Chimija 1965.

[53] *Kosevoj, L. G., Galiulliana, F. K.*, und *Ajzenstejn, E. M.*: Elastomere Polyurethanfäden. Chim. Volokna (Chem. Fasern) (1967) 2, S. 6–12.

[54] *Wegener, W.*, und *Wulfhorst, B.*: Die Bestimmung der Formänderungseigenschaften von Polyurethan- und Kautschuk-Elastomerfäden. Z. ges. Textilind. **71** (1969) 8, 527–533.

—: Der Einfluß der Verformungsbedingungen auf die Formänderungseigenschaften von Polyurethan- und Kautschuk-Elastomerfäden. Z. ges. Textilind. **71** (1969) 11, S. 772–776; **71** (1969) 12, S. 848–852

—: Die Angleichung der Relaxationskurven von Polyurethan und Kautschuk-Elastomerfäden. Z. ges. Textilind. **72** (1970) 1, S. 36–42.

—: Temperaturabhängige Formänderungseigenschaften von Polyurethan- und Kautschuk-Elastomerfäden. Z. ges. Textilind. **72** (1970) 2, S. 118–127.

[55] *Lünenschloss, J.*: Die physikalisch-technologischen Eigenschaften von Elastomerfäden und ihre Prüfung. Melliand Textilber. **51** (1970) 2, S. 236.

[56] *Heidemann, G.*: Die Struktur von Polyurethan-Elastomerfasern. Melliand Textilber. **51** (1970) 2, S. 235.

[57] *Röhring, W.*: Eigenschaften und Anwendung von Polyurethan-Elastomer-Endlosgarnen. Melliand Textilber. **51** (1970) 3, S. 291–301.
[58] Man-made Fibers. Red. *Mark, H. F.*, *Atlas, S. M.*, und *Cernia, E.* Band II. New York 1968.
[59] *McDonald, M.*: Spandex Manufacture. New York 1970.
[60] *Lemmers, F.*: Ind. textile belges (1968) 10, S. 57.
[61] *Bleijanberg, A. C. A. M.*, *Heikens, P.*, u. a.: Brit. Polymer J. **4** (1972) S. 125.
[62] *Blažajtis, G. I.*, *Kaplanas, V. I.*, und *Paškjavičus, V. V.*: Über die Fertigungstechnologie und das Sortiment von Geweben aus elastomeren Polyurethanfäden. Chim. Volokna (Chem. Fasern) (1970) 2, S. 65 bis 67.
[63] *Sigal, M. B.*, und *Koziorova, T. N.*: Synthetische Faserstoffe aus Polymerdispersionen (russ.). Moskva: Izd. Chimija 1972.
[64] *Kern, K. A.*: Technische Information Armaturen **4** (1969) 4/5, S. 57.
[65] *Chakimova, A. Ch.*, *Kudrjavcev, G. I.*, *Vasil'eva-Sokolova, E. A.*, und *Gorbačeva, V. O.*: Herstellung von vernetzten Polyamidfäden. Chim. Volokna (Chem. Fasern) (1965) 6, S. 29–32.
[66] *Romanova, T. A.*, *Žarkova, M. A.*, *Kudrjavcev, G. I.*, und *Klimenkov, V. S.*: Modifizierung von Polyacrylnitrilfaserstoff mit Hydrazinhydrat. Chim. Volokna (Chem. Fasern) (1968) 5, S. 23–24.
[67] *Vasil'eva-Sokolova, E. A.*, *Semenova, A. S.*, und *Rogovina, A. A.*: Physikalisch-mechanische Eigenschaften von mit Formaldehyd vernetzten Kapronfäden. Chim. Volokna (Chem. Fasern) (1970) 3, S. 66 bis 68.
[68] *Koršak, V. V.*: Thermobeständige Polymere (russ.). Moskva: Izd. Nauka 1969.
[69] *Kudrjavcev, G. I.*, und *Volochina, A. V.*: Wärmebeständige Faserstoffe. Ž. vsesojuz. chim. Obšč. Mendeleeva (Z. chem. Allunions-Mendelejew-Ges.) **11** (1966) 6, S. 665–672.
[70] *Adrova, G. A.*, *Bessonov, M. I.*, *Lajus, L. A.*, und *Rudakov, A. I.*: Polyimide, eine neue Klasse thermobeständiger Materialien (russ.). Moskva: Izd. Nauka 1968.
[71] *Fraser, A. N.*: High Temperature Resistent Polymers. New York 1968.
[72] *Koton, M. M.*: Neue faserbildende Polymere. Chim. Volokna (Chem. Fasern) (1966) 3, S. 3–10.
[73] *Kudrjavcev, G. I.*: Thermisch beständige Polymere und Faserstoffe auf ihrer Basis. Chim. Volokna (Chem. Fasern) (1969) 4, S. 23–32.
[74] Thermisch beständiger Polyamidfaserstoff Sulfon-T. Chim. Volokna (Chem. Fasern) (1969) 4, S. 78.
[75] *Makkun, L. K.*: Die thermisch beständige Polyamidfaser NT-1 und Papier auf ihrer Basis. Chim. Volokna (Chem. Fasern) (1963) 2, S. 65–68.
[76] Thermisch beständiger Faserstoff FENILON. Chim. Volokna (Chem. Fasern) (1968) 6, S. 72.
[77] *Ščetinin, A. M.*: Untersuchung der thermomechanischen Eigenschaften von Polysulfonamid-Faserstoffen. Chim. Volokna (Chem. Fasern) (1968) 5, S. 50–52.
[78] Thermisch beständiger Faserstoff Arimid PM. Chim. Volokna (Chem. Fasern) (1969) 5, S. 66.
[79] Thermisch beständiger Polyoxadiazolfaserstoff OKSALON. Chim. Volokna (Chem. Fasern) (1971) 2, S. 64.
[80] *Kudrjavcev, G. I.*, und *Ščetinin, A. M.*: Thermisch beständige Faserstoffe. Chim. Volokna (Chem. Fasern) (1968) 6, S. 2–11.
[81] *Herlinger, H.*: Hochtemperaturbeständige Fasermaterialien aus organischen Grundstoffen. Lenzinger Ber., Lenzing/Österr. (1971) 32, S. 31–38.
[82 *Kotel'nikov, R. B.*, *Bašlykov, S. N.*, *Poliakbarov, E. G.*, und *Kastanov, A.*: Besonders hochschmelzende Elemente und Verbindungen (russ.). Moskva: Izd. Metallurgija 1969.
[83] *Dušin, Ju. A.*: Die Arbeit von wärmedämmenden Materialen in heißen Gasströmen (russ.). Moskva: Izd. Chimija 1968.
[84] *Rogovin, Z. A.*: Neue Methoden für die Modifizierung der Eigenschaften der Cellulose. Usp. Chim. (Fortschr. Chemie) **28** (1959) 7, S. 850–876.
[85] *Coppick, S.*, und *Hall, W. P.*: Flameproofing Textile Fabrics. New York 1947.
[86] *Koroskys, M. J.*: Brennbarkeit von Textilien. Amer. Dyestuff Rep. **58** (1969) 6, S. 15–20.
[87] *Marš, G. T.*: Endausrüstung von Textilmaterialien (russ.). Moskva: Gizlegprom. 1956.
[88] *Ranney, M. W.*: Flame Retardant Textiles. New York 1970.
[89] *Tarrol-Prczinski, C. Z.*: Spinner, Weber, Textilveredl. **89** (1971) 6, S. 566.
[90] *Mark, H.*: Lenzinger Ber., Lenzing/Österr. **33** (1972) S. 5.
[91] *Einsele, U.*: Über die Flammfestausrüstung von Textilien. Textil-Praxis **27** (1972) 4, S. 224–227.
[92] *Kaswell, E. R.*: J. amer. Assoc. Textile Chem. Colourists. **4** (1972) 1, S. 1.
[93] *Gotschy, F.*, und *Hüpf, J.*: Flammfestausrüstung von Zellulosefasern und von Zellulosefasertextilien. Lenzinger Ber., Lenzing/Österr. (1972) 33, S. 28–31.
[94] *Muchin, B. A.*, *Andričenko, Ju. D.*, *Družinina, T. V.*, *Gabriéljan, G. A.*, und *Rogovin, Z. A.*: Herstellung von modifizierten phosphorhaltigen Polyamidfaserstoffen. Chim. Volokna (Chem. Fasern) (1973) 1, S. 17–19.
[95] *van Krevelen, D. W.*: Neue Entwicklungen auf dem Gebiet von flammfesten Faserstoffen. Angew. makromol. Chemie **22** (1972) S. 133–157.
[96] Durette Fireproof Fabrics. Prospekt der Fa. Monsanto Co., USA 1970.
[97] *Nazarov, Ju. P.*, *Kon'kov, P. I.*, u. a.: Technologie der Klebvliesstoffe (russ.). Moskva: Izd. Legkaja Industrija 1967.
[98] *Tichomirov, V. B.*: Klebvliesstoffe (russ.). Moskva: Izd. Legkaja Industrija 1966.
[99] *Dinkel, A.*: Proc. Symp. Man-made Polymers in Papermaking. Helsinki 1972, S. 177.
[100] *Hadert, H.*: Coating (1971) 4(7), S. 194.
[101] *Dinkel, A.*: Einsatzmöglichkeiten der Wacker MP-Faser. Textilindustrie, Mönchengladbach **72** (1970) S. 840.
[102] *Glich, H.*, und *Raebe, E.*: Bikomponent-Polyamidfasern (Herstellung und Einsatz besonders im Nadelvliesteppich). Lenzinger Ber., Lenzing/Österr. (1971) 32, S. 135–150 (mit Diskssion).
[103] AUP 261184 von 1961. Erf.: *McCartney, J. P.*
[104] *Gutman, B. B.*, *Sital'nij, A. S.*, und *Jančenko, L. N.*: Synthetische Masse zur Herstellung von Papier. Bumaž. Prom. (Papier-Ind.) (1963) 8, S. 10–11.
[105] *Mark, H.*: Herstellung, Eigenschaften und Verwendung von Fibrids. Lenzinger Ber., Lenzing/Österr. (1967) 23, S. 5–15.
[106] *Mark, H.*, und *Atlas, G.*: Chemie und Technologie der Polymeren (1967) 6, S. 36.
[107] *Gutman, B. B.*, *Jančenko, L. N.*, und *Gurevič. L. I.*: Papier aus Synthesefaserstoffen (russ.). Moskva: Izd. Leskaja Promyslennost' 1971.
[108] *Načinkin, O. I.*, *Ruban, I. G.*, *Gluz, M. D.*, und *Kolosov, V. I.*: Untersuchung des Herstellungsprozesses von polymeren Bindemitteln in Form fibrillierter Folien auf der Basis von Acrylnitrilcopolymeren. Chim. Volokna (Chem. Fasern) (1971) 2, S. 25–28.
[109] *Načinkin, O. I.*, und *Gutman, B. B.*: Neue Chemiefaserstoffe für technische Zwecke (russ.). Moskva: Izd. Chimija 1973, S. 192.
[110] *Österreich, M.*: Proc. Symp. Man-made Polymers in Papermaking, Helsinki 1972, S. 121.
[111] *Barton, J. S.*, und *Matsuda, T.*: Proc. Symp. Manmade Polymers in Papermaking, Helsinki 1972, S. 153.
[112] *Dergačev, V. S.*, *Perepelkin, K. E.*, u. a.: Arb. Leningrader Techn. Kirov-Akad. 1971, S. 73.
[113] KURALON for Paper and Non-Woven Fabrics. Prospekt der Fa. Kurashini RayonCo., Japan 1964.
[114] *Pugač, B. M.*, und *Perepelkin, K. E.*: Lösliche Polyvinylalkoholfaserstoffe und ihre Verwendung. Tekstil. Prom., Moskva (Textil-Ind.) (1966) 9, S. 31–33.
[115] *Ashikaga, T.*: Proc. Symp. Man-made Polymers in Papermaking, Helsinki 1972, S. 187.
[116] *Puzyrev, S. A.*, und *Nevolin, V. F.*: Arb. d. Unions-Papier-Forschungsinst. (1970) S. 56.

[117] *Puzyrev, S. A.*: Papier und Pappe als Filtermaterialien (russ.). Moskva: Izd. Lesnaja Promyslennost' 1970.
[118] *Kolodner, D. I.*, *Meso, A. I.*, und *Burinskij, S. V.*: Arb. Leningrader techn. Hochschule d. Leichtind. „S. M. Kirov" (1971) 12, S. 34.
[119] *Perepelkin, K. E.*, *Dergačev, V. S.*, *Smirnov, V. S.*, und *Berman, Ja.. M.*: Proc. Symp. Man-Made Polymers in Papermaking, Helsinki 1972, S. 195.
[120] *Repina, L. P.*, *Pakšver, A. B.*, *Rozengauz, S. S.*, und *Ajzenštejn, E. M.*: Heterokettenfaserstoffe (russ.). Moskva: Izd. Chimija 1969, S. 103.
[121] *Semenov, Ju. P.*, *Pakšver, E. A.*, und *Strel'cov, A. A.*: Synthesefaserstoffe (russ.). Moskva: Izd. Chimija 1969, S. 103.
[122] *Semenov, Ju. P.*, *Kostromin, V. P.*, *Pakšver, E. A.*, und *Strel'cov, A. A.*: Arb. Leningrader techn. Hochschule d. Leichtind. „S. M. Kirov" (1971) 13, S. 179.
[123] *Zinov'eva, T. K.*, und *Anikienko, T. S.*: Arb. Leningrader Textilforschungsinst. (1972) 4, S. 79, 102.
[124] Elektrische Eigenschaften von Polymeren (russ.). Red. *Sažin, B. I.*, Moskva: Izd. Chimija 1970.
[125] *Bogorodickij, N. P.*, und *Pasynkov, V. V.*: Materialien der Radio- und elektronischen Technik (russ.). Izd. Vyssaja Skola 1969.
[126] *Allinson, E.*: Textile Inst. Ind. **7** (1969) 3, S. 66.
[127] *Grafton, P. M.*: Metallfasern in Textil- und Ingenieurtechnik. Melliand Textilber. **53** (1972) 4, S. 363–366.
[128] *Katu, N. V.*: Metallisierung von Geweben (russ.). Moskva: Izd. Legkaja Industrija 1972.
[129] *Goldberg, J. B.*: Leistungen der Textilforschung. Teil II. Textile Ind. **135** (1971) 2, S. 111, 113, 114, 116.
[130] Organische Halbleiter (russ.). Moskva: Izd. Nauka 1968.
[131] *Gul', V. E.*, *Carskij, L. N.*, u. a.: Elektroleitende Polymermaterialien (russ.). Moskva: Izd. Chimija 1968.
[132] FRP 1111952 von 1965.
[133] *Pastušenko, L. L.*: Erzeugung und Einsatz von Kohlenstoffäden (russ.). Izd. Ukr. NIIMTP 1970.
[134] Kayacarbon. Prospekt der Fa. Nippon Kayaku Co., Japan 1970.
[135] *Pokrovskaja, N. V.*, *Nikitin, A. A.*, und *Majboroda, V. I.*: Elektroleitende rußgefüllte Fäden. Chim. Volokna (Chem. Fasern) (1972) 4, S. 58–61.
[136] *Boyd, J.*, und *Bulgin, D.*: The reduction of statice electrification by incorporating viscose rayon containing carbon. J. Textile Inst. **48** (1957) 1, S. P 66.
[137] *Conor, B. C.*, und *Owston, C. N.*: Electrical resistance of single carbon fibres. Nature, London **223** (1969) 5211, S. 1146 bis 1147.
[138] *Berg, C. A.*: Piezowiderstand von Graphitfasern. Textile Res. J. **42** (1972) 8, S. 486–489.
[139] *Fialkov, A. S.*, *Kučinskaja, O. F.*, *Zajčikov, S. G.*, u. a.: Neorganič. Materialy (Anorgan. Materialien) **5** (1969) 12, S. 2051.
[140] Chem. Ind. **22** (1970) 4, S. 178.
[141] Teinture Apprêts (1970) 119, S. 179.
[142] *Jamanov, S. A.*: Chemie und Radiomaterialien (russ.). Izd. Vysšaja Škola 1970.
[143] Brit. Cloth Manufacture **6** (1970) 9, S. 37; **7** (1971) 5, S. 65.
[144] Habillement **21** (1971) 189, S. 61; **22** (1972) 201, S. 49; **22** (1972) 202, S. 93, 99.
[145] Bekleidung u. Wäsche **23** (1971) 10, S. 762; **24** (1972) 6, S. 434.
[146] DNZ International **92** (1971) 6, S. 46.
[147] Japan Textile News **174** (1969) S. 82.
[148] *Kapani, N. S.*: Fiber Optics. New York 1967.
[149] Optische Faserstoffe und Faserelemente (russ.). Red.: *Bloch, K. I.*, Izd. Chimija 1972.
[150] Textiltechnik **23** (1973) 1, S. 6.
[151] Japan Chem. Fibres Monthl. **25** (1972) 7, S. 34.
[152] BEP 665395 von 1969.
[153] *Darvina, V. V.*, *Kolodner, D. I.*, *Ivanova, L. S.*, und *Makarova, T. P.*: Einfluß von Licht auf Lösungen von optischen Aufhellern. Chim. Volokna (Chem. Fasern) (1963) 4, S. 38–39; (1970) 2, S. 55–57.
[154] *Makarov, T. P.*, und *Darvina, V. V.*: Einfluß der Temperatur auf die Lumineszenz optischer Aufheller. Chim. Volokna (Chem. Fasern) (1972) 4, S. 72–73.
[155] *Sigal, M. B.*, und *Koziorova, T. N.*: Herstellung von Poliphen-Faserstoff aus Polytetrafluoräthylen-Dispersionen. 2. Mitt. über die Frage der Herstellung von Polytetrafluoräthylenfaserstoff. Chim. Volokna (Chem. Fasern) (1965) 4, S. 8–9.
[156] *Sigal, M. B.*, und *Koziorova, T. N.*: Herstellung von Faserstoffen aus wäßrigen Dispersionen von Polymeren. Chim. Volokna (Chem. Fasern) (1966) 6, S. 1–5.
[157] *Hall, A. J.*: Fibers engng. Chem. **18** (1957) 7, S. 239.
[158] *Knunjanc, I. L.*, und *Fokin, A. V.*: Eroberung eines unzugänglichen Elementes (russ.). Izd. AN SSSR 1963.
[159] *Čegodaev, D. D.*, *Naumova, Z. K.*, und *Dunaevskaja, U. S.*: Fluorplaste (russ.). Goschimizdat 1960.
[160] *Lazar, M.*, *Rodo, R.*, und *Kliman, N.*: Fluorplaste (russ.). Izd. Energija 1965.
[161] *Motel's, Z. N.*, *Sigal, M. B.*, *Varšavskij, V. Ja.*, und *Nosov, M. P.*: Einfluß des Orientierungsreckens auf die Festigkeit von Poliphenfäden. Chim. Volokna (Chem. Fasern) (1971) 1, S. 53–56.
[162] *Varšavskij, V. Ja.*, *Sigal, M. B.*, und *Koziorova, T. N.*: Zum Erspinnen von Poliphenfaserstoff. Chim. Volokna (Chem. Fasern) (1971) 1, S. 65–68.
[163] *Dorochina, I. S.*, und *Žarkova, M. A.*: Neuer Faserstoff mit Ionenaustauschereigenschaften. Chim. Volokna (Chem. Fasern) (1972) **1**, S. 69,
[164] Pr. chem. Pr. Komis. Mat.-przyrodn. **12** (1971) 6, S. 13.
[165] *Tjuganova, M. A.*, *Mazov, M. Ju.*: Ž. vsesojuz. chim. Obšč. Mendeleeva (Z. chem. Allunions-Mendelejew-Ges.) **17** (1972) 6, D. 654.
[166] *Burinskij, S. V.*, *Vol'f, L. A.*, *Meos, A. I.*, *Gemazina, V. N.*, *Borščova, I. I.*, und *Bekiševa, Z. V.*: Chemiefaserstoffe mit Redoxeigenschaften. Chim. Volokna (Chem. Fasern) (1969) **1**, S. 19–21.
[167] *Burinskij, S. V.*, *Tamazina, V. N.*, und *Vol'f, L. A.*: Zur chemischen Beständigkeit von Fasermaterialien mit Elektronenaustauschereigenschaften. Ž. prikl. Chimii (Z. angew. Chemie) **43** (1970) 4, S. 851–854.
[168] *Bowen, D. H. M.*: Ind. engng. Chem. **59** (1967) S. 40.
[169] *Perepečkin, L. P.*: Neues in der Produktion und Anwendung von Celluloseacetatfaserstoffen. Ž. vsesojuz. chim. Obšč. Mendeleeva (Z. chem. Allunions-Mendelejew-Ges.) **17** (1972) 6, S. 648–653.
[170] *Mahon, H. I.*, und *Lipps, B. J.*: Encycl. Polymer Sci. Techn. (1971) 15, S. 258.
[171] *Glover, R. M.*: The application of hollow fibres in the tesalination of brackish water. Textile Inst. Ind. **10** (1972) 9, S. 257–259.
[172] *Dowell, M.*: J. appl. Polymer Sci. (1962).
[173] *Markosjan, D. E.*, *Pirverdjan, A. I.*, *Mochnačev, I. G.*, und *Perepečkin, L. P.*: Celluloseacetatfaserstoff für Zigarettenfilter. Chim. Volokna (Chem. Fasern) (1970) 3, S. 64–66.
[174] *Markosjan, D. E.*, *Grigorjan, A. S.*, *Pirverdjan, A. I.*, u. a.: Arb. Leningrader techn. Hochschule d. Leichtind. „S. M. Kirov" (1971) 13, S. 260.
[175] *Markosjan, D. E.*, und *Perepečkin, L. P.*: Einfluß der Erspinnbedingungen von Acetatfaserstoff für Zigarettenfilter auf dessen Sorptionseigenschaften. Chim. Volokna (Chem. Fasern) (1972) 5, S. 37–38.
[176] Chem. engng. News **50** (1972) 36, S. T3.
[177] *Goldberg, J. B.*: Textile Ind. (1970) 9, S. 33.
[178] *Virnik, A. D.*, *Finger, G. G.*, u. a.: Chemiefaserstoffe (russ.). Izd. Chimija 1968, S. 225
[179] *Virnik, A. D.*: Ž. vsesojuz. chim. Obšč. Mendeleeva (Z. chem. Allunions-Mendelejew-Ges.) (1970) 3, S. 321.
[180] *Klesper, H.*: Melliand Textilber. **52** (1972) 5, S. 592.
[181] *Monkrieff, R. W.*: Man Made Fibers. London 1959.
[182] *Karrol-Porczynski, C. Z.*: Natural Polymer man-Made Fibres. London 1961.
[183] *Hopff, H.*, und *Jagrovič, P.*: Textil-Rdsch. **19** (1964) 10.
[184] *Perepelkin, K. E.*: Chimija i Žizn' (Chemie u. Leben) (1968) 11, S. 58.
[185] *Katalevskij, E. E.*, *Kozlova, V. I.*, *Perepečkin, L. P.*, und *Akim, E. L.*: Arb. Leningrader techn. Hochschule d. Leichtind. „S. Kirov" (1971) 13, S. 258.
[186] *Toshio Kitao*, *Kosaku Yamada*: J. Soc. Fibre Sci. and Technol. Japan **28** (1972) 2, S. 61; **28** (1972) 6, S. 221.

[187] *Geller, B. E.*, und *Chamraev, A. L.*: Einfluß der Fadenbildungsbedingungen auf die physikalisch-mechanischen Eigenschaften von Fäden aus Carboxylmethylcellulose. Chim. Volokna (Chem. Fasern) (1972) 5, S. 47—49.

[188] *Umarova, L. N.*, *Chamraev, A. L.*, und *Geller, B. E.*: Faserstoff aus Carboxymethylcellulose. Chim. Volokna (Chem. Fasern) (1973) 2, S. 64.

[189] *Zinov'ev, T. K.*, *Perepelkina, M. D.*, u. a.: Arb. Leningrader techn. Hochschule d. Leichtind. „S. M. Kirov" (1971) 13, S. 87.

[190] *Reich, G.*: Kollagen. Dresden 1966.

[191] Verfahren zur Herstellung von Kollagenfaserstoffen. SUP 322434 vom 15. 5. 70. Erf.: *Perepelkin, K. E.*, *Pugač. B. M.*, *Troickaja, N. N.*, *Chromova, T. G.*, *Katkovskij, S. B.*, *Rašbam, Ja. N.*, *Bondareva, L. N.*, *Kaspar'janc, S. A.*, und *Bablojan, O. O.* Int. Kl.: D 01 f 5/00.

[192] *Gusakov, M. Ja.*, *Voedilo, L. A.*, *Gusakova, L. I.*, *Sviridova, I. A.*, und *Byčkovskij, N. I.*: Einfluß der Polycaproamidstruktur auf die Eigenschaften von KAPRON-Seide. Chim. Volokna (Chem. Fasern) (1971) 1, S. 34—35.

[193] *Vasil'ev, M. P.*, *Vol'f, L. A.*, *Koteckij, V. V.*, *Puchova, Z. I.*, *Meos, A. I.*, und *Kul'in, V. A.*: Untersuchung der Eigenschaften von Kollagenlösungen und von Kollagenfäden. Chim. Volokna (Chem. Fasern) (1971) 6, S. 55—57.

[194] *Vasil'ev, M. P.*, *Vol'f, L. A.*, *Koteckij, V. V.*, *Puchova, Z. I.*, und *Meos, A. I.*: Untersuchung des Spinnvorganges von Kollagenfäden. Chim. Volokna (Chem. Fasern) (1972) 1, S. 34—36.

[195] *Brown, O.*: Science News **95** (1968) 24, S. 556.

[196] GBP 1275327, 1970.

[197] Verfahren zum Thermofixieren von durch Recken orientierten Polyglykolsäurefäden (engl.) USP 3422181 vom 23. 5. 1966. Inh.: American Cyanamid Co., Stamford Conn. Int. Kl.: B 29c 25/00, D 06c 9/00.

[198] Dexon. Prospekt der Fa. American Cyanamid Co. USA 1971.

[199] *Ermolenko, I. N.*, *Krivinskaja, Z. E.*, *Ignatjuk, A. V.*, *Basina, Ch. Ja.*, und *Nikiforov, B. I.*: Einsatz von Faserstoffen auf der Basis von Polyanhydrouronsäure in der Medizin. Chim. Volokna (Chem. Fasern) (1969) 3, S. 56—57.

[200] Chem. Ing. Techn. **43** (1971) 6, S. 311.

Eingegangen am 5. September 1973

Kurze Mitteilung[1])

Bestimmung des Diäthylenglykolgehaltes in Polyäthylenterephthalat

DK 678.674'524'420:547.422.2:543.544.45

Zur Beurteilung der Qualität von Polyäthylenterephthalat ist die Kenntnis des Gehaltes an Diäthylenglykol unerläßlich. In der Vergangenheit hat es sich gezeigt, daß die Forderung nach kurzer Untersuchungsdauer bei geringem apparativem Aufwand und hoher Genauigkeit sich hier nur begrenzt erfüllen läßt [1, 2, 3, 4]. Die Bestimmung des Diäthylenglykolgehaltes erfolgt heute allgemein mit Hilfe der Gaschromatographie.

Die Vorbehandlung der Proben ist teilweise noch unnötig aufwendig und langwierig. So wird z. T. im Autoklaven verseift, und Aufschlußzeiten von mehreren Stunden werden genannt. Bei der gaschromatographischen Untersuchung glauben einige Autoren auf einen inneren Standard nicht verzichten zu können, andere halten die Benutzung von Glassäulen für erforderlich.

Auf der Suche nach einer Analysenmethode, die eine einfache und schnelle Probenpräparation mit guter Meßgenauigkeit verbindet, kamen die Verfasser zu folgender Arbeitsweise:

Ca. 5 g Polymeres mit einer Korngröße unter 0,2 mm werden mit 10 ml Wasser und ca. 1,7 g Bariumhydroxid 20 min am Rückfluß gekocht[2]). In die noch warme Suspension wird CO_2 eingeleitet, bis Neutralität vorliegt. Nach erneutem kurzem CO_2-Einleiten wird durch einen Glasfiltertiegel filtriert. 5 µl des Filtrates werden in den Gaschromatographen eingespritzt, der unter folgenden Bedingungen betrieben wird:

Gerät	Hewlett/Packard, Modell 5751, Doppelsäulenbetrieb mit Flammenionisationsdetektor	
Trägergas	Stickstoff, 20 ml/min	
Trennsäule	rostfreier Stahl, Länge 1,8 m Innendurchmesser 4,5 mm	
Säulenfüllung	10% Carbowax 20 M auf Chromosorb G AW DMCS (70 bis 80 mesh)	
Temperaturen	Einspritzblock	250 °C
	Säulenofen	180 °C
	Detektor	250 °C
Bereich/Dämpfung	Äthylenglykol	$10^3/4$
(range/attenuation)	Diäthylenglykol	$10^2/1$

Bei neugepackten Säulen wird nach der Konditionierung im Stickstoffstrom bei 190 °C als weitere Vorbehandlung eine bis zu 100malige Einspritzung von 5 µl Wasser durchgeführt.

Zur Auswertung der Messungen wird die Fläche des Diäthylenglykol-Peaks direkt auf die Fläche des Äthylenglykol-Peaks bezogen, der Zusatz eines systemfremden inneren Standards ist nicht erforderlich [2]. Die Zuordnung des Flächenverhältnisses zum Diäthylenglykolgehalt erfolgt über Messungen mit Standard-Lösungen von Diäthylenglykol und Äthylenglykol in Wasser.

Die Gesamtdauer einer Einzelbestimmung beträgt etwa 2 h. Der Variationskoeffizient liegt bei 2%.

[1]) Die Veröffentlichung der „Kurzen Mitteilungen" erfolgt unter alleiniger Verantwortung der Verfasser.

[2]) Schon *Gaskill*, *Chasar* und *Lucchesi* [2] wiesen nach, daß eine vollständige Verseifung nicht erforderlich ist.

Literatur

[1] *Janssen, R.*, *Ruysschaert, H.*, und *Vroom, R.*: The determination of the diethylene glycol incorporated in poly-(ethylene terephthalate). Makromol. Chemie **77** (1964) S. 153—158.

[2] *Gaskill, D. R.*, *Chasar, A. G.*, und *Lucchesi, C. A.*: Determination of glycolic ether linkages in poly(ethylene terephthalate). Analytic. Chem. **39** (1967) S. 106—108.

[3] *Ponder, L. H.*: Gas chromatographic determination of diethylene glycol in poly(ethylene terephthalate). Analytic. Chem. **40** (1968) S. 229—231.

[4] *Nestler, H.*: Der Einsatz der Gas/Flüssig-Chromatographie zur Kontrolle des Produktionsprozesses von Polyäthylenterephthalatfaserstoffen. Faserforsch. u. Textiltechnik **23** (1972) 7, S. 280—285.

Hartwig Glamann und *Jürgen Woitzik*

Karl Fischer, Apparate- u. Rohrleitungsbau
Abteilung TT Chemie-Labor
1 Berlin 27, Holzhauser Str. 159—165

Eingegangen am 19. November 1973

Faserforschung und Textiltechnik 25 (1974) Heft 2
Zeitschrift für Polymerforschung

Neue Bücher

Polymer Science. A Material Science Handbook. Vol. 1 und 2. Hrsg.: *A. D. Jenkins.* Amsterdam/London: North-Holland Publ. Co. 1972. XLV, 1822 S. (XXIII, 1–932; XXII, 933–1822) Lwd. $ 146,20.

Mit der Herausgabe von „Polymer Science. A Material Science Handbook" wird ein Buch angeboten, dessen Hauptanliegen es ist, nicht technologische Fragen, sondern die physikalischen Eigenschaften von Polymersystemen vom Gesichtspunkt der wissenschaftlichen Forschungsarbeit aus dem Leser darzustellen. Dazu werden Polymereigenschaften sowohl des Festkörpers und der Lösung als auch von z. B. fadenförmigen Gebilden diskutiert.

Unter der Leitung von Professor *A. D. Jenkins* von der Universität Sussex ist ein zweibändiges Handbuch entstanden, in dessen Teilabschnitten auf ca. 1800 Seiten die neuesten Erkenntnisse der Polymerforschung in komprimierter Form zur Diskussion gestellt werden (Literaturquellen bis 1971).

Einleitend werden chemische Grundfragen, wie Polymerisationsreaktionen und chemische Strukturen der Polymeren, behandelt. Das genaue Studium dieser kurzen zusammenfassenden Kapitel vermittelt die notwendigen Kenntnisse über hochmolekulare Verbindungen für die sich daraus ableitenden Polymereigenschaften und erleichtert somit das Verständnis für spezielle Polymereigenheiten.

In den folgenden Abschnitten wird auf zur Zeit untersuchte Polymereigenschaften eingegangen. Dabei steht die Beschreibung der Eigenschaft im Vordergrund. Die für die Untersuchungen verwendeten und nutzbaren experimentellen Meßmethoden werden im allgemeinen kurz vorgestellt und die Aussagekraft der mit ihnen ermittelten Meßdaten eingeschätzt.

Theoretischen Arbeiten, wie im Kapitel 5 „Theory of Chain Coiling, Elasticity and Viscoelasticity" (von *K. J. Smith*) stehen Arbeiten mit empirischem Charakter, wie z. B. „Fracture II" (von *C. B. Bucknall* u. a.) gegenüber. In allen Kapiteln ist aber eine gute „Symbiose" zwischen theoretischen und experimentellen Kenntnissen über die Polymereigenschaften gefunden worden.

Im ersten Band des Handbuches wird vor allem auf Fragen der Kristallinität, der Umwandlungspunkte sowie der mechanischen Eigenschaften (Elastizität, Plastizität, Bruchvorgänge) eingegangen.

Arbeiten über elektrische Eigenschaften, spektroskopische Untersuchungsergebnisse, Abbau- und Zerstörungseigenheiten von Polymersystemen stehen im Vordergrund des zweiten Bandes.

Jedem der 27 Kapitel sind Literaturzitate nachgestellt, so daß ein anschließendes, genaues Studium der Eigenschaft anhand der Literaturquellen möglich ist.

In mancher Hinsicht wäre eine ausführlichere Darstellung einzelner Polymerbesonderheiten angebracht, aber in bezug auf die Übersichtlichkeit und den Umfang des Handbuches ist die gefundene Form als die optimalste zu bezeichnen.

Für Wissenschaftler, die sich zum ersten Mal mit der Polymerproblematik befassen, sowie für diejenigen, die sich einen Einblick in andere spezielle Polymerforschungsrichtungen verschaffen wollen, ist diese Zusammenstellung für ihre Ziele bestens geeignet, denn man erhält einen kurzen und präzisen Überblick über den gegenwärtigen Stand der Polymerforschung (Ende 1971). *E. Schulz*

Ultrarotspektroskopische Untersuchungen an Polymeren. Von *Johannes Dechant* (unter Mitarbeit von *Rudi Danz, Wolfgang Kimmer, Rudolf Schmolke*). Berlin: Akademie-Verlag 1972. 516 Seiten mit 82 Tab. und 154 Abb. Lwd. M 87,–.

Zur Lösung physikalisch-chemischer Fragestellungen auf dem Gebiet der Polymeren wird seit langer Zeit die Infrarotspektroskopie als eine recht aussagekräftige Untersuchungsmethode angewandt. Dabei lassen sich mit ihr nicht nur rein analytische Aufgaben oder chemische Strukturprobleme lösen, sondern auch mehr physikalische Gesichtspunkte, wie Ordnungszustände oder Taktizitäten, können vielfach aus dem Infrarotspektrum erkannt werden.

Zumindest im deutschen Sprachgebiet machte sich das Fehlen einer zusammenfassenden Darstellung dieses Anwendungsgebietes der Infrarotspektroskopie empfindlich bemerkbar. Das vorliegende Buch, verfaßt von den berufensten Fachleuten aus Forschung und Industrie der DDR auf dem Gebiet der Infrarotspektroskopie an Polymeren, füllt zweifelsohne diese Lücke. Es liegt in seinem Charakter wohl ausgewogen zwischen einer mehr theoretischen und mehr praktisch-analytischen Monographie und stellt damit auch für den Neuling dieses umfassende Thema in handlicher Form dar. Durch seinen Aufbau, seine klare Gliederung und durch die geschickte Art der Stoffauswahl hinterläßt es einen ausgezeichneten Eindruck bei seinem Benutzer; sowohl der sich in dieses Gebiet Einarbeitende als auch der nachschlagende Fachmann werden dieses Fachbuch stets gern zu Rate ziehen.

In der ersten Hälfte des Buches werden in vier Kapiteln die allgemeinen Grundlagen der Infrarotspektroskopie, die Theorie der Infrarotspektren, experimentelle Methoden zur infrarotspektroskopischen Untersuchung von Polymeren und spezielle Probleme der infrarotspektroskopischen Untersuchung von Polymeren behandelt. Im Abschnitt Infrarotspektrometer und Zubehör ist wahrscheinlich nicht immer die Darstellung des letzten Entwicklungsstandes erreicht worden; das betrifft einmal die Beurteilung der hochauflösenden Infrarotspektroskopie an Festkörpern als auch die Anwendungsmöglichkeiten der Transform-Spektroskopie. Für die Behandlung der quantitativen Analyse sind die Methoden zur Bestimmung der integralen Bandenintensität von *Seshadri* (1963) und *Ramsay* (1952) einfach veraltet. Vorstellungen, daß bei üblichen Spektrometeranordnungen (gemeint sind wahrscheinlich Gitterablastspektrometer) die Spaltfunktion mit guter Genauigkeit als Dreiecksfunktion beschreibbar ist, existieren auch nur noch als Literaturrudiment ohne reale Grundlage. Unter der zitierten einschlägigen Literatur fehlt leider ganz die der letzten Forschungsergebnisse von *R. N. Jones*, wodurch sich die Darstellung einer ganzen Reihe älterer Anschauungen erübrigt hätte.

Obwohl natürlich gerade die ATR-Technik als experimentelle Methode zur Infrarotspektroskopie an Polymeren eine dominierende Rolle spielt, sollte eigentlich nicht vergessen werden, so zukunftsträchtigen Methoden wie der Emissions- (bzw. Reabsorptions-) und der Remissionsmethode gebührenden Platz einzuräumen.

Das letzte Kapitel der ersten Buchhälfte behandelt unter dem Titel spezieller Probleme der infrarotspektroskopischen Untersuchungen von Polymeren eine ganze Reihe von Gesichtspunkten, wie Isotopenaustausch, Infrarotdichroismus, Wasserstoffbrückenbindung, Untersuchungen bei hohen und tiefen Temperaturen, kinetische Untersuchungen, Untersuchungen im nahen und fernen Infrarot und analytische Untersuchungen (Pyrolyse, Endgruppenbestimmung), die auch für die Infrarotspektroskopie an anderen Systemen große Bedeutung besitzen. Sehr erfreulich sind die einführenden Bemerkungen zum Einsatz der Raman-Spektroskopie und der inelastischen Neutronenstreuung für molekülspektroskopische Untersuchungen an Polymeren, da solche Untersuchungsergebnisse direkte komplementäre Aussagen zu den Ergebnissen der Infrarotspektroskopie darstellen.

Der zweite Teil des Buches ist den Ergebnissen infrarotspektroskopischer Untersuchungen an speziellen Polymeren gewidmet und ist damit eine wahre Fundgrube sowohl für den Fachspezialisten als auch ein übersichtlicher Führer für Recherchearbeiten. Behandelt werden die Stoffgebiete polymere Kohlenwasserstoffe, halogenhaltige Vinylpolymere, Polyvinylalkohol, Polyvinylester, Polystyrol, polymere Acryl- und Methacrylverbindungen, Polyäther, Polyester, Polymere mit Amidbindungen, Kautschuk und Gummi, Cellulose.

Den Schluß des Buches bilden auf 55 Seiten eine Zusammenstellung der zitierten Literatur bis 1971 (2200 Literaturzitate, alphabetisch geordnet nach dem ersten Autor), wobei die angeführten Literaturstellen aus ca. 160 verschiedenen Zeitschriften und 100 Monographien stammen, und 840 alphabetisch geordnete Stichwörter im Sachverzeichnis. Bei der Inhaltsfülle dieses Buches ist das Sachverzeichnis mit ca. 2 Stichwörtern pro Textseite wohl etwas zu unterdimensioniert; für eine Neuauflage würde man sich einen Umfang von 4 bis 5 Stichwörtern pro Textseite wünschen. Ähnliche Monographien enthalten bis zu 10 Stichwörter pro Textseite.

Zu überprüfen wäre vielleicht die Verwendung des Begriffes „Ultrarotspektroskopie"; international gebräuchlicher ist heute die Bezeichnung „Infrarotspektroskopie" (infrared, infrarouge, infrakrasnij). Auch für die „unelastische" Neutronenstreuung ist die Nomenklatur „inelastische" Neutronenstreuung (INS) bekannter.

Der Rezensent verwendet als Infrarotspektroskopiker den „Dechant" seit seinem Erscheinen in seiner Schreibtischhandbibliothek, möchte ihn für die tägliche Arbeit nicht mehr missen und kann ihn allen Fachkollegen der Spektroskopie und Polymerforschung nur aus eigener Erfahrung wärmstens empfehlen. *D. Kunath*

Flame Retardancy of Polymeric Materials. Hgg. von *William C. Kuryla* und *A. J. Papa.* Volume 1 und 2. New York: Marcel Dekker 1973. Vol. 1: X, 317 S., Vol. 2: IX, 242 S. Kunststoffeinb. Vol. 1: $ 24.50; Vol. 2: $ 22.50.

Das Brennverhalten und der Entflammungsschutz von natürlichen und synthetischen Polymeren ist besonders in dem letzten Jahrzehnt Gegenstand immer stärkerer Beachtung. Die Autoren *W. C. Kuryla* und *A. J. Papa* fassen in dem vorliegenden Werk Beiträge namhafter englischer und amerikanischer Autoren auf diesem Gebiet zusammen. Durch zahlreiche Tabellen, Abbildungen und Literaturhinweise wird dem Leser ein weitgehender Überblick über die verschiedenen, das Brennverhalten von natürlichen und synthetischen Polymeren beeinflussenden Mittel, gegeben.

Der erste Band umfaßt Beiträge, die Wolle, Polyamide und andere natürliche und synthetische Polymere betreffen. In vier Kapiteln wird nacheinander über z. Z. vorhandene flammenhemmend machende Mittel und ihre Wirkungsweise, über die flammenhemmend machende Wirkung von Polyvinylchlorid sowie ihm verwandten Polymeren und schließlich über die Anwendung dieser Produkte auf Faserstoffe, Filme und Formartikel aus Wolle, Polyamid und anderen natürlichen und synthetischen Polymeren berichtet. In den vier Kapiteln des zweiten Bandes werden aufeinanderfolgend über Brennverhalten und flammenhemmende Ausrüstung von Polystyrol und ihm verwandten Kunststoffen, wie Polyäthylen und Polypropylen, von Natur- und Synthesekautschuk und schließlich von Phenol-, Harnstoff- und Melamin/Formaldehyd-Harzen berichtet. Der ungewöhnlich breite Überblick, den dieses zweibändige Werk über das Brennverhalten von Kunststoffen und seine Beeinflussung vermittelt, macht es für die einschlägige Industrie sowie für alle auf dem Gebiet der flammenhemmenden Ausrüstung tätigen Chemiker und anderen Fachleute unentbehrlich und stellt eine wertvolle Informationsquelle dar.

G. Lange

Untersuchungen über das Krumpfverhalten von Maschenwaren aus Leinen- und Baumwollgarnen sowie Polyester-Leinen-Mischgespinsten bei Anwendung des Co-We-Nit-Verfahrens. Von *H. Griese.* Forschungsberichte des Landes Nordrhein-Westfalen. Nr. 2142. Köln und Opladen: Westdeutscher Verlag 1970. 30 S. Brosch. DM 22,30.

Es wird davon ausgegangen, daß Haushaltwäsche aus Leinen- und Baumwollgarnen sowie Polyester/Leinen-Mischgespinsten alternativ zum Weben auch mit Hilfe des Co-We-Nit-Verfahrens gefertigt werden kann. Ein Argument hierfür ist die hohe Produktivität des Co-We-Nit-Verfahrens. Gegen das Verfahren spricht die schwer vorauszusagende und wesentliche Krumpfung bei Naßbehandlung.

Nach der Beschreibung der Versuchsmaschine und ihrer Leistung wird ein Versuchsprogramm behandelt, das die Fertigung von Co-We-Nit-Kettengewirken beinhaltet, die als maschenbildenden Faden Baumwollgarn 20 tex und 30 tex, als Stehschußfaden Flachs 84 tex, 78 tex, 56 tex, Baumwolle 72 tex, Polyester/Leinen 56 tex und als Querschußfaden Baumwolle 30 tex, Flachs 56 tex und Polyester/Leinen 56 tex in 20 technologisch verschiedenen Varianten aufweisen.

Die Versuche werden hinsichtlich Verarbeitungseigenschaften der Garne, Garnverbrauch, Maßänderung bei der Veredlung und nach Wäschen, Flächenmasse, Reißfestigkeit und -dehnung sowie Repräsentationsgüte ausgewertet. Es werden wertvolle Ergebnisse dargestellt, deren Kenntnis für den Einsatz des Verfahrens Voraussetzung ist. Sie betreffen im wesentlichen die Anforderungen an die Garngleichmäßigkeit sowie den für die Fertigung gebrauchstüchtiger Erzeugnisse (Krumpfung, Festigkeit, Repräsentationsgüte) zweckmäßigsten Faserstoffeinsatz.

Die Lektüre der Broschüre ist allen Anwendern des Co-We-Nit-Verfahrens, insbesondere den potentiellen, zu empfehlen. *H. Tausch-Marton*

Textile Terms and Definitions. Sixth Edition. Von The Textile Institute. Manchester: The Textile Institute 1970. V, 195 S. brosch. £ 1,5.

Wer sich intensiver mit der Terminologie seines Fachgebietes beschäftigt, weiß, wie wichtig, aber auch wie schwierig die Arbeit auf diesem Felde ist. Sehr zu begrüßen ist es daher, daß das Textile Institute in regelmäßigen Abständen neue Auflagen des Buches „Textile Begriffe und Definitionen" herausgibt. Bei einem Vergleich mit der fünften Auflage fällt zunächst nur auf, daß der Umfang des Buches um 15 Seiten gewachsen ist. Erst eine genauere Durchsicht zeigt die umfangreiche Arbeit, die inzwischen geleistet wurde. So sind 318 Begriffe neu aufgenommen worden, davon 195 mit Definitionen und 123 als Verweisungen auf andere Begriffe. Demgegenüber wurden nur 59 überholte Begriffe gestrichen. Außerdem wurden 17 der bisherigen Begriffe um einen zweiten gleichbedeutenden Begriff erweitert, z. B. „Aerated Yarn" auf „Aerated Yarn; Tubular Yarn". 43 Begriffe wurden im Begriff erweitert, so daß sich eine einschränkende Präzisierung auf bestimmte Teilgebiete der Textiltechnologie ergibt, z. B. „Alginate" auf „Alginate Fibre" bzw. „Ripple" auf „Ripple (Knitting)". Bei 32 Begriffen wurde der einschränkende Hinweis entfernt und sie somit in ihrer Bedeutung erweitert, z. B. von Cord „(Narrow Fabric)" auf „Cord". Bei 68 Begriffen sind Änderungen in der Schreibweise vorgenommen worden, z. B. fehlt jetzt die Klammer zu einem Teil des Begriffs, oder ein Teil des Begriffs ist neu in Klammer gesetzt worden, oder der Bindestrich ist weggefallen, oder anstelle der Mehrzahl wurde die Einzahl verwendet. Besonders zu begrüßen ist es, daß bei 22 von ihnen die mißverständliche „oder"-Schreibweise durch die eindeutige Angabe von zwei Begriffen ersetzt worden ist, z. B. „Warp or Weft Snarl" durch „Warp Snarl; Weft Snarl".

Wie diese Übersicht zeigt, sind die Bearbeiter mit viel Verantwortungsbewußtsein an ihre Aufgabe herangegangen, wofür ihnen zu danken ist. *F. Winkler*

Statistische Methoden. Von *L. Sachs.* Zweite neubearb. Aufl. Berlin/Heidelberg/New York: Springer 1972. 105 S. Brosch. DM 8,80.

Neben dem „großen Sachs" (gemeint sind die in kürzester Zeit zum Standardwerk für den Anwender gewordenen „Statistischen Auswertungsmethoden" — siehe diese Zeitschrift **23** (1972) 10, S. 449) hat auch der „Soforthelfer" als kleine, konzentrierte Sammlung der wichtigsten Regeln, Formeln und Tabellen seinen Interessentenkreis gefunden. In der vorliegenden zweiten Auflage präzisiert der Verfasser den Untertitel: Ein Soforthelfer für Praktiker in Naturwissenschaft, Medizin, Technik, Wirtschaft, Psychologie und Soziologie.

Gegenüber der 1970 erschienenen ersten Auflage (siehe diese Zeitschrift **22** (1971) 7, S. 373) ergaben sich Formulierungsänderungen und zusätzliche Beispiele, die zweifellos die Verständlichkeit der konzentrierten Darstellungen weiter verbessern. Einige wichtige ergänzende Hinweise von grundsätzlicher Bedeutung wurden — leider nur — als Schlußbemerkungen angefügt.

Wer Grundlagenkenntnisse in mathematischer Statistik besitzt und schnell die wichtigsten Anwendungsregeln, Formeln und Tabellen zur Hand haben will, ist mit dem „Soforthelfer" gut bedient. *H. Martin*

Faserforschung und Textiltechnik 25 (1974) Heft 2
Zeitschrift für Polymerforschung

Patentschau

Auszug aus der Lieferung 19/20/1973 der Patentschau „Faserstoffe und Textiltechnik", Ausgabe A: Faserstoffe einschl. Kunststoffe und organ. Grundsubstanzen, zusammengestellt von der Abteilung Information und Dokumentation des Instituts für Polymerenchemie der AdW der DDR, 153 Teltow-Seehof, Kantstr. 55

Die Patentschau ist nach der Internationalen Patentklassifikation (IPC) gegliedert. Es bedeuten: DLP = DDR-Patent; DTP = Deutsches Bundespatent; DTA = (West)Deutsche Auslegeschrift; DTO = (West)Deutsche Offenlegungsschrift; OEP = Oesterreichisches Patent; POP = Polnisches Patent; CHP = Schweizer Patent; FRP = Französisches Patent; GBP = Britisches Patent; JAP = Japanisches Patent; SWP = Schwedisches Patent; SUP = Sowjetisches Patent; CSP = Tschechoslowakisches Patent; USP = Amerikanisches Patent; A = Anmeldedatum, O bzw. B = Tag der Ausgabe der Patent-, Offenlegungs- bzw. Auslegeschrift.

Sektion B. Arbeitsverfahren

B 65. Fördern, Packen, Lagern; Handhaben dünner oder fadenförmiger Werkstoffe

B 65h. Behandeln von dünnen oder fadenförmigem Gut, z. B. Folien, Gewebe, Kabel

SUP 386500. Düse für Fadenablage auf eine Ablagefläche. Erf.: *Christoph Storckebaum, Oskar Dorschner, Franz Joseph Karduck* u. *Johannes Jahnfeld.* (DT). Anm.: Metallgesellschaft AG (DT). A. 16. 7. 70, B. 14. 6. 73. Int. Kl.: B 65h 54/78. A.-Z.: 1460521/28 – 12. Prior.: 17. 7. 69 (DT; A.-Z.: P 1936354).

SUP 384238 (Urheberschein). Fadenführer für Aufwickelorgane. Erf.: *Erich Bucher, Friedrich Eberbach* u. *Hermann Güttler* (DT). Anm.: Zinser Textilmaschinen GmbH (DT). A. 23. 9. 70, B. 23. 5. 73. Int. Kl.: D 01h 13/03, B 65h 57/00. A.-Z.: 1481906/28 – 12. Prior.: 26. 9. 69 (DT; A.-Z.: P 1948633). Entspr. DLP 85146.

Sektion C. Chemie und Metallurgie

CHEMIE

C 03. Glas; Mineral- und Schlackenwolle

C 03b. Herstellung, Formgebung und Nachbehandlungsverfahren

DLP 97645. Vorrichtung zum Schneiden von Glasfasern. Erf. u. Inh.: *Rolf Müller, Frank Flemming, Joachim Brußmann, Peter Müller* u. *Joachim Schurig.* A. 25. 10. 71, B. 12. 5. 73. Kl.: 32a, 37/10, Int. Kl.: C 03b 37/10. A.-Z.: WP C 03b/158519.

DTO 2200804. Verfahren und Vorrichtung zur Schaffung einer gesteuerten Abkühlung bei der Herstellung von Faserglas. Erf.: *Edward Thomas Strickland* u. *Homer Christian Amos.* Anm.: PPG Industries Inc., Pittsburgh, Pa. (US). A. 8. 1. 72, B. 12. 7. 73. Kl.: 32a, 37/06, Int. Kl.: C 03b 37/06. A.-Z.: P 2200804.

SUP 380595 (Urheberschein). Mineralfaserstoff. Erf.: *V. N. Vel'solvskij, R. V. Vaganova, V. K. Vorob'eva* u. *V. A. Železnov.* Anm.: Vsesojuznyj naučno-issledovatel'skij i proektnyj Institut „Teploproekt". A. 16. 3. 70, B. 15. 5. 73. Int. Kl.: C 03b 37/00. A. Z.: 1113103/29 – 33.

C 03c. Chemische Zusammensetzung von Gläsern, Glasuren oder Emails; Oberflächenbehandlung von Glas; Verbinden von Glas mit Glas oder anderen Stoffen

DLP 97189. Verfahren zur Behandlung bzw. Imprägnierung von Glasfaser, Glasvlies und Glasgewebe mit wäßrigen Plast- und/oder Elastdispersionen. Erf. u. Inh.: *Werner Schuhmann, Henry Börner, Heinz Zenkner* u. *Rita Pörnig.* A. 26. 8. 71, B. 20. 4. 73. Kl.: 32b, 25/00, Int. Kl.: C 03c 25/00. A.-Z.: WP C 03c/157339.

DTO 2162770. Glasfaser mit veränderter Grenzflächenaktivität. Erf.: *Walter J. Mach* u. *Kurt Hartl.* Anm.: Oftrilon AG, Engelberg (CH). A. 17. 12. 71, B. 28. 6. 73. Kl.: 32b, 25/02, 79c, 2, Int. Kl.: C 03c 25/02, A 24d 1/06. A.-Z.: P 2162770.

C 07. Organische Chemie

C 07c. Acyclische und carbocyclische Verbindungen

SUP 380635 (Urheberschein). Reinigungs- und Trennverfahren für AH-Salz. Erf.: *R. S. Muromova* u. 5 weitere. A. 20. 6. 69, B. 15. 5. 73. Int. Kl.: C 07c 51/52. A.-Z.: 1340204/23 – 4.

FRP 2153264 (B). Verfahren zur kontinuierlichen Veresterung von Dicarbonsäuren und Alkoholen. Erf.: *Giovanni Maiorano, Carlo Nicora, Antonio Vandi* u. *Andrea Doria.* Inh.: Montecatini Edison S.p.A. A. 14. 9. 72, B. 8. 6. 73. Int. Kl.: C 07c 67/00, 69/00. A.-Z.: 7232605. Prior.: 20. 9. 71 (IT; A.-Z.: 28833 A/71).

C 07d. Heterocyclische Verbindungen

CHP 538480. Verfahren zur Aufspaltung von Gemischen von L- und D-α-Amino-ε-caprolactam in die optischen Isomeren. Erf.: *Ikuso Tanaka, Yasuhisa Ohno* u. *Tadashi Okada.* Inh.: Teijin Ltd., No. 1, Umeda, Kita-ku, Osaka (JA). A. 5. 12. 69, Int. Kl.: C 07d 41/06, C 07b 19/00. A.-Z.: 18173/69. Prior.: 5. 12. 68, 13. 12. 68, 2. 4. 69, 22. 7. 69, 7. 8. 69 (JA; A.-Z.: 89405, 89406, 91462, 25787, 58266, 62528). A.-Z.: 89405 entspr. DTO 1961180, A.-Z.: 89405, 89406, 91462, 58266, 62528 entspr. USP 3658811.

JAP 7304792. Gewinnung von Caprolactam nach der Oxim-Umlagerung in Phosphorsäure. Erf.: *Kazuo Yoshida, Kyonosuke Fujiki* u. *Yoshikiyo Moroi.* Inh.: Mitsubishi Chemical Industries, Co. Ltd. A. 2. 10. 68, B. 10. 2. 73. Int. Kl.: C 07d, B 01j. A.-Z.: 6871715.

SUP 385966 (Urheberschein). Automatische Steuervorrichtung für Caprolactam-Herstellungsverfahren. Erf.: *V. M. Mazurov* u. 6 weitere. A. 16. 11. 71, B. 14. 6. 73. Int. Kl.: C 07d 41/06, G 05d 27/00. A.-Z.: 1715135/23 – 26.

C 08. Makromolekulare Verbindungen; ihre Herstellung und chemische Verarbeitung; auf diesen Verbindungen beruhende Gemische

C 08b. Polysaccharide und deren Derivate

JAP 7235073. Verbesserung der Löslichkeit wasserlöslicher Polymerer. Erf.: *Shigeru Oono, Keiji Koike* u. *Tomio Shibata.* Inh.: Shin Etsu Chemical Industry Co. Ltd. A. 20. 4. 71, B. 9. 4. 72. Kl.: 26(1) A 32. A.-Z.: 7125814.

JAP 7311421. Herstellung von Viskose aus Zellstoffbrei. Erf.: *Koichi Yasui* u. *Toshiaki Norimatsu.* Inh.: Asahi Chemical Industry Co. Ltd. A. 28. 6. 71, B. 13. 2. 73. Kl.: 42B 11. A.-Z.: 7146336.

JAP 7239385. Herstellung von Äthylcarboxymethylcellulose. Erf.: *Nobuo Tsuda, Eiiji Fukunaga* u. *Mineo Yoshida.* Inh.: Nichirin Kagaku, Kogyo Co. Ltd. A. 27. 4. 71, B. 7. 12. 72. Kl.: 26(1) B 22. A.-Z.: 7127827.

C 08f. Polymerisationsprodukte

DLP 97217. Verfahren zur katalytischen Polymerisation und Copolymerisation von Olefinen. Erf.: *Anatoli Dmitrievich Pomogailo, Alexandr Avraamovich Bolschov, Esengeldy Baishiganov, Urakbai Alimbaevich Membetev, Tamara Yakovlevna Vasilieoa* u. *Petr Evgenievich Matkovsky.* Inh.: Institut Khimii Nefti i Prirodnykh Solei Akademii Nauk Kazakhskoi SSR (SU). A. 16. 6. 72, B. 20. 4. 73. Kl.: 39b4, 1/42, Int. Kl.: C 08f 1/42. A.-Z.: WP C 08f/163784. Prior.: 18. 6. 71 (SU; A.-Z.: 1666661). Entspr. DTO 2229542 u. FRP 2141989.

DLP 97659. Verfahren zur Herstellung von Homo- und Copolymeren. Erf.: *Arnaldo Roggero, Alessandro Mazzei* u. *Antonio Proni.* Inh.: Snam Progetti S.p.A. (IT). A. 24. 5. 72, B. 12. 5. 73. Kl.: 39b4, 1/72, Int. Kl.: C 08f 1/72. A.-Z.: AP C 08f/163208. Prior.: 24. 5. 71 (IT; A.-Z.: 24897 A/71). Entspr. DTO 2225276 u. FRP 2138873.

CHP 539083. Verfahren zur Umhüllung von Katalysatoren für die Polymerisation von Äthylen und α-Olefinen. Erf.: *Fritz Gude, Klaus Doerck* u. *Richard Schaaf.* Inh.: VEBA-Chemie AG, Dorstener Straße 227, Gelsenkirchen-Buer (DT). A. 21. 7. 70. Int. Kl.: C 08f 1/32. A.-Z.: 11029/80. Prior.: 22. 7. 69 (DT; A.-Z.: P 1937197). Entspr. OEP 299539 u. FRP 2055491.

GBP 1319632. Verfahren zur Herstellung wasserlöslicher Polymerer in fester Form. Inh.: Imperial Chemical Industries Ltd. A. 19. 4. 71, B. 6. 6. 73. Kl.: C3.P, Int. Kl.: C 08f 1/88, 1/13. A.-Z.: 13042/70.

GBP 1321766. Verfahren zur Polymerisation von Olefinen. Inh.: Solvay & Cie. A. 6. 10. 71, B. 27. 6. 73. Kl.: C3.P, Int. Kl.: C 08f 1/56. A.-Z.: 46447/71. Prior.: 6. 10. 70 (LU; A.-Z.: 61816). Entspr. DTO 2146685, CHP 530426, u. FRP 2109881.

GBP 1323028. Verfahren zur Herstellung homogener Copolymerer. Inh.: L'Oreal. A. 28. 6. 71, B. 31. 5. 73. Kl.: C3.P, Int. Kl.: C 08f 1/11. A.-Z.: 30273/71. Prior.: 29. 6. 70 (LU; A.-Z.: 61221). Entspr. DTO 2132027 u. FRP 2098076.

GBP 1323534. Verfahren zur Herstellung regelmäßiger Copolymerer. Inh.: L'Oreal. A. 26. 7. 71, B. 6. 6. 73. Kl.: C3.P, Int. Kl.: C 08f 1/11. A.-Z.: 35050/71. Prior.: 27. 7. 70 (LU; A.-Z.: 61426). Entspr. DTO 2137049.

DLP 97425 (Zus. z. Pat. 63170). Verfahren zur Polymerisation von Vinylchlorid. Erf.: *Jean Golstein.* Inh.: Solvay & Cie. (BE). A. 4. 2. 72, B. 5. 5. 73. Kl.: 39b4, 3/30, Int. Kl.: C 08f 3/30. A.-Z.: AP C 08f/160702. Prior.: 5. 2. 71 (BE; A.-Z.: 99418). Entspr. DTO 2203026 u. FRP 2124281.

DTO 2163057. Verfahren zum Herstellen von Polypropylen. Erf.: *Heinz Müller-Tamm, Wolfgang Rau* u. *Werner Metzger.* Anm.: Badische Anilin- & Soda-Fabrik AG, 6700 Ludwigshafen (DT). A. 18. 12. 71, B. 20. 6. 73. Kl.: 39b4, 3/10, Int. Kl.: C 08f 3/10. A.-Z.: P 2163057.

SUP 383308. Verfahren zur Herstellung von Polyolefinen. Erf.: *Umberto Giannini, Paolo Longi, Domca Delucca* u. *Bruno Pivotto* (IT). Anm.: Montecatini Edison S.p.A. (IT). A. 22. 6. 70, B. 23. 5. 73. Int. Kl.: C 08f 3/02, 15/04. A.-Z.: 1441300/1684271/23 – 5. Prior.: 24. 6. 69 (IT; A.-Z.: 18597). Entspr. OEP 302649, FRP 2051213 u. GBP 1309774.

SUP 385454. Herstellungsverfahren für Polyolefinpulver. Erf.: *Johannes-Marie Frilink* (NL). Anm.: Stamicarbon N. V. (NL). A. 28. 6. 71, B. 29. 5. 73. Int. Kl.: C 08f 3/04, 1/92, 15/02. A.-Z.: 1677104/23 – 5. Prior.: 29. 6. 70 (NL; A.-Z.: 7009555). Entspr. FRP 2099879 u. GBP 1321808.

CSP 149676. Verfahren zur Herstellung von Katalysatoren für die Polymerisation von Äthylen oder dessen Gemischen mit α-Olefinen oder/und Diolefinen. Erf.: *Paolo Galli, Ermanno Susa* u. *Giovanni Di Drusco.* A. 8. 1. 70, B. 20. 11. 72. Kl.: 39c, 25/01, 81e, 107, Int. Kl.: C 08f 3/06. A.-Z.: 161/70. Prior.: 10. 1. 69 (IT; A.-Z.: 11360 A/69). Entspr. DLP 83023, OEP 304867, FRP 2028106 u. GBP 1291552.

CSP 149918. Verfahren zur Herstellung von Katalysatoren für die Polymerisation von Äthylen oder dessen Gemischen mit α-Olefinen oder/und Diolefinen. Erf.: *Paolo Longi, Umberto Giannini* u. *Romano Mazzocchi.* A. 8. 7. 70, B. 20. 11. 72. Kl.: 39c, 25/01, Int. Kl.: C 08f 3/06. A.-Z.: 4795/70. Prior.: 8. 7. 69 (IT; A.-Z.: 19319 A/69). Entspr. FRP 2054244, GBP 1277349 u. SUP 372820.

SUP 383310. Verfahren zur Herstellung von Polymeren und Copolymeren des Vinylchlorids. Erf.: *Roberto Rettore* u. *Giorgio Gatta* (IT). Anm.: Montecatini Edison S.p.A. (IT). A. 16. 2. 67, B. 23. 5. 73. Int. Kl.: C 08f 27/02. A.-Z.: 1136089/23 – 5. Prior.: 16. 2. 66 (IT; A.-Z.: 14558). Entspr. DLP 61349, DTO 1745083 u. OEP 278692.

SUP 334230 (Urheberschein). Stabilisierte Thermoplastkomposition. Erf.: *A. A. Kozodoj* u. 7 weitere. A. 27. 1. 70, B. 29. 5. 73. Int. Kl.: C 08 45/58. A.-Z.: 1399113/23 – 5.

SUP 381224. Stabilisierte Polyolefinkomposition. Erf.: *Helmut Müller, Siegfried Rosenberger* (DT) u. *Kurt Schwarzenbach.* Anm.: Ciba-Geigy AG (CH). A. 17. 6. 71, B. 15. 5. 73. Int. Kl.: C 08f 45/60. A.-Z.: 1676386/23 – 5. Prior.: 17. 6. 70 (CH; A.-Z.: 9182/70, CHP 534706. Entspr. FRP 2099116.

SUP 382650 (Urheberschein). Stabilisierte Komposition auf der Basis von Polypropylen. Erf.: *I. O. Elin* u. 7 weitere. A. 17. 6. 71, B. 23. 5. 73. Int. Kl.: C 08f 45/60. A.-Z.: 1676381/23 – 5.

CHP 538515. Verfahren zur Herstellung von Polymerisaten und Misch, polymerisaten des Vinylchlorids. Erf.: *Rolf Egli.* Inh.: Lonza AG-Gampel/Wallis, Geschäftsleitung: Basel (CH). A. 20. 10. 70. Int. Kl.: C 08f 1/11, 3/30, 15/00. A.-Z.: 15434/70. Entspr. DTO 2151703, FRP 2111611 u. GBP 1321415.

JAP 7307076. Polyäthylen. Erf.: *Hideo Morita, Itsuo Aishima, Yukichi Takashi* u. *Tadasho Ikegami.* Inh.: Asahi Chemical Industry Co., Ltd. A. 8. 6. 71, B. 29. 1. 73. Kl.: 26(3) B 111.1. A.-Z.: 7139888.

JAP 7312886. Polymerisation von Acrylnitril in Gegenwart von mit Polymerisationskatalysator imprägniertem Polyvinylchlorid. Erf.: *Tadafumi Tachibana* u. *Nobuo Yasuhira*. Inh.: Kuraray Co. Ltd. A. 1. 7. 71, B. 17. 2. 73. Kl.: 26(3) B 171, 26(3) E 171, 26(3) A 1. A.-Z.: 7148224.

C 08g. Polykondensations- und Polyadditionsprodukte

JAP 7243090. Katalysatoren für die Dampfphasenpolymerisation von Formaldehyd. Erf.: *Shinichi Ishida* u. *Junzo Masamoto*. Inh.: Asahi Chemical Industry Co., Ltd. A. 12. 5. 71, B. 18. 12. 72. Kl.: 26(5) B 1, 26(5) BO 12.1. A.-Z.: 7131196.

SUP 380677 (Urheberschein). Verfahren zum Entfernen des Lösungsmittels aus Polymerkompositionen zur Herstellung von Plasteerzeugnissen. Erf.: *P. G. Gavrilenko* u. 6 weitere. A. 23. 1. 69, B. 15. 5. 73. Int. Kl.: C 08j 1/50, C 08f 47/22. A.-Z.: 1301213/23 – 5.

DLP 97220. Verfahren zur Herstellung von Terephthalsäureestern. Erf. nicht genannt. Inh.: *Hermann Lang*, *Rolf Steinert* u. *Knut Wuntke*. A. 12. 2. 71, B. 20. 4. 73. Kl.: 39b5, 17/06, Int. Kl.: C 08g 17/06. A.-Z.: WP C 08g/153084.

JAP 7234695. Polyester mit hoher Einfriertemperatur. Erf.: *Takeo Shima*, *Seiichi Yamashiro*, *Masao Yoshimura* u. *Takatoshi Kurafuji*. Inh.: Teijin Ltd. A. 5. 4. 71, B. 22. 11. 72. Kl.: 29(5) D 121. A.-Z.: 7120843.

JAP 7239489. Herstellung von Polyestern. Erf.: *Kazuya Chimura*, *Kazuo Ito*, *Shunichi Takashima*, *Yoshihiro Shimoshinbara* u. *Mizuo Shindo*. Inh: Mitsubishi Rayon Co. Ltd. A. 30. 4. 71, B. 7. 12. 72. Kl.: 26(5) D 12, 26(5) D 101.1. A.-Z.: 7128666.

JAP 7243092. Durch Anwendung von Titantartratverbindungen als Katalysatoren synthetisierte, lineare Polyester. Erf.: *Osamu Makimura* u. *Teruo Goto*. Inh.: Toyobo Co. Ltd. A. 2. 5. 71, B. 18. 12. 72. Kl.: 26(5) D 12, 26(5) D 101.21. A.-Z.: 7131838. Entspr. DTO 2222656 u. FRP 2137847.

DTO 2164307. Permanent antistatische Polyamidmassen. Erf.: *Geert Christoph*, *Eduard Radlmann*, *Günther Nischk*, *Ludwig Bruns* u. *Günther Schnuchel*. Anm.: Bayer AG, 5090 Leverkusen (DT). A. 23. 12. 71, B. 12. 7. 73. Kl.: 39b5, 20/02, Int. Kl.: C 08g 20/02. A.-Z.: P 2164307.

DTO 2262319. Lineare Polyamide und Verfahren zu ihrer Herstellung. Erf.: *Luigi Polo Fritz*, *Giuseppe Anziino* u. *Domenico Schiattarella*. Anm.: Montedison Fibre S.p.A., Mailand (IT). A. 20. 12. 72, B. 28. 6. 73. Kl.: 39b5, 20/20, Int. Kl.: C 08g 20/20. A.-Z.: P 2262319. Prior.: 22. 12. 71 (IT; A.-Z.: 32768 A/71, 32769 A/71).

JAP 7213654. Stabilisierte Polyamidkomposition. Erf.: *Hideo Miyake* u. *Akio Tsuboi*. Inh.: Toyobo Co. Ltd. A. 8. 1. 71, B. 17. 7. 72, Kl.: 25(1) D 41, 25(1) A 231.53. A.-Z.: 710325.

JAP 7232755. Herstellung von Polyamiden. Erf.: *Hiroyuki Mizoiri*, u. *Kiyokazu Imai*. Inh.: Kuraray Co. Ltd. A. 31. 1. 69, B. 21. 8. 72. Int. Kl.: C 08g, D 01f. A.-Z.: 697966.

JAP 7300893. Kondensationskatalysatoren für Polyamide mit stabiler relativer Molekülmasse. Erf.: *Yuataka Fujita* u. *Takao Ashida*. Inh.: Teijin Ltd. A. 22. 5. 71, B. 8. 1. 73. Kl.: 26(5) E, 26(5) E 111, 26(5) E 112. A.-Z.: 34937.

SUP 383718 (Urheberschein). Herstellungsverfahren für aromatische Polyamide. Erf.: *B. F. Maličenko* u. *O. N. Cypina*. Anm.: Institut chimii vysokomolekuljarnych soedinenij AN Ukrainskoj SSR. A. 30. 4. 71, B. 23. 5. 73. Int. Kl.: C 08g 20/20. A.-Z.: 1651754/23 – 5.

DTO 2202496. Polyurethan-Kompositionen sowie deren Herstellung. Erf.: *Llewellyn Delphin Booth*. Anm.: The Dow Chemical Co., Midland, Mich. (US). A. 19. 1. 72, B. 26. 7. 73. Kl.: 39b5, 22/44, Int. Kl.: C 08g 22/44. A.-Z.: P 2202496.

SUP 365101 (Urheberschein). Herstellungsverfahren für Polymethoxyphenylen. Erf.: *A. V. Ragimov*, *S. I. Sadych* u. *T. Š. Zakirov*. Anm.: Sumgaitskij Filial Instituta neftechimičeskich processov AN Azerbajdžanskoj SSR. A. 4. 2. 71, B. 29. 5. 73. Int. Kl.: C 08g 33/00. A.-Z.: 1618571/23 5.

GBP 1319275. Kohlenstoff-Faser enthaltendes Verbundmaterial. Inh.: Monsanto Chemicals Ltd. A. 20. 7. 71, B. 6. 6. 73. Kl.: C3.R, Int. Kl.: C 08g 39/04, 51/08, 51/10, B 32b 5/28, 27/36, 31/20, D 06m 15/50. A.-Z.: 39954/70.

JAP 7243144. Cyclische Phosphonate zur Verbesserung der Färbbarkeit von Polyestern. Erf.: *Ken Murayama*, *Teruo Taniguchi* u. *Reizo Yamadera* Inh.: Toyobo Co., Ltd. A. 17. 5. 71, B. 18. 12. 72. Kl.: 25(1) D 32, 25(1) A 247, 43 D12. A.-Z.: 7133540.

GBP 1321924. Stabilisierte Polyphenylenäther. Inh.: General Electric Co. A. 19. 5. 71, B. 4. 7. 73. Kl.: C3.R, Int. Kl.: C 08g 43/00, 43/02, 51/56, 51/58, C 08f 33/08. A.-Z.: 15818/71.

DLP 98692. Verfahren zur Erhöhung und Stabilisierung des Molekulargewichts von durch Polykondensation hergestellten Hochpolymeren. Erf. u. Inh.: *Friedrich Wolf* u. *Johanna Rollin*. A. 8. 9. 72, B. 5. 7. 73. Kl.: 39b5, 51/56, Int. Kl.: C 08g 51/56. A.-Z.: WP C 08g/165596.

DLP 96966. Verfahren zum Abbau von Polyäthylenterephthalatabfällen. Erf. u. Inh.: *Gerhard Wulf*. A. 31. 8. 71, B. 12. 4. 73. Kl.: 39b5, 53/22, Int. Kl.: C 08g 53/22. A.-Z.: WP C 08g/157423.

DLP 97664. Verfahren zum Färben von Polyester. Erf. u. Inh.: *Manfred Scheller*, *Rudi Schrot* u. *Jürgen Dörffeldt*. A. 7. 6. 72, B. 12. 5. 73. Kl.: 39b5, 53/04, Int. Kl.: C 08g 53/04. A.-Z.: WP C 08g/163501.

GBP 1319131. Fluoreszierende 1,2,3-Triazolverbindungen. Inh.: Sandoz Ltd. A. 3. 10. 69, B. 6. 6. 73. Kl.: Int. Kl.: C 07d 99/04, C 08k 1/75, C 08g 39/04, 41/02, D 06 l 3/12. A.-Z.: 46273/70.

Sektion D. Textilien und Papier

TEXTILIEN

D 01. Natürliche und künstliche Fäden oder Fasern; Spinnen

D 01d. Mechanisches Verfahren und Vorrichtungen für die Herstellung von künstlichen Fäden, Gespinsten, Fasern, Borsten oder Bändern

SUP 383760 (Urheberschein). Verfahren zur Herstellung von Spinnlösungen aus schnell quellenden Polymeren. Erf.: *L. M. Beder* u. *V. N. Poluéktov*. A. 8. 2. 71, B. 23. 5. 73. Int. Kl.: D 01d 1/02. A.-Z.: 1620744/23 – 5.

GBP 1323296. Verfahren zur Herstellung synthetischer Faserstoffe durch Folienfibrillierung. Inh.: Shell Internationale Research Maatschappij N. V. A. 8. 1. 70, B. 31. 5. 73. Kl.: B5.B, Int. Kl.: D 01d 5/00. A.-Z.: 970/70. Entspr. DTO 2100212, CHP 521458 u. FRP 2075257.

SUP 380759 (Urheberschein). Absaugvorrichtung zum Anblasschacht der Spinnmaschine für Absaugen von Caprolactamdämpfen und anderen flüchtigen Verbindungen. Erf.: *V. V. Erochin* u. *O. V. Ponomarev*. Anm.: Leningradskoe specìal'noe konstruktorsko-technoligičeskoe Bjuro Mašin chimičeskich volokon. A. 4. 1. 72, B. 15. 5. 73. Int. Kl.: D 01d 5/08. A.-Z.: 1733939/28 – 12.

D 01f. Chemische Gesichtspunkte bei der Herstellung von künstlichen Fäden, Gespinsten, Fasern, Borsten oder Bändern

CHP 539131. Verfahren zur Rückgewinnung von Fibrillen aus synthetischem Polymerem und Vorrichtung zu seiner Durchführung. Erf.: *Carlo Raganato*. Inh.: Solvay & Cie. S. A., Rue du Prince Albert 33, Brüssel (BE). A. 9. 8. 72. Int. Kl.: D 01f 7/00, D 04h 1/00. A.-Z.: 11773/72. Prior.: 9. 9. 71 (LU; A.-Z.: 63876). Entspr. FRP 2152583.

JAP 7234746. Triazinderivate enthaltende Polyamide mit verminderter Farbstoffaffinität. Erf.: *Hiroshi Sakata* u. *Akio Sasaki*. Inh.: Unitika Co. Ltd. A. 9. 4. 71, B. 22. 11. 72. A.-Z.: 7122146.

SUP 384950 (Urheberschein). Verfahren zur Herstellung von Faserstoffen aus dem Gemisch Cellulosetriacetat-Polyacrylnitril-Pfropfcopolymeres und Cellulosetriacetat/Polyacrylnitril. Erf.: *B. E. Geller*, *A. A. Geller*, *I. Z. Zakirov* u. *M.-R. Š. Tairov*. A. 19. 3. 70, B. 29. 5. 73. Int. Kl.: D 01f 1/02. A.-Z.: 1415405/23 – 5.

GBP 1323689. Flammfeste Fäden. Inh.: Courtaulds Ltd. A. 13. 1. 70, B. 6. 6. 73. Kl.: B5.B, Int. Kl.: D 01f 3/12, C 08b 21/20. A.-Z.: 60444/69. Entspr. FRP 2073606.

JAP 7230923. Erspinnen von Cu-ammoniakcellulosefäden. Erf.: *Kiyokazu Daigo*, *Shimichi Uematsu* u. *Shiro Yamamoto*. Inh.: Asahi Chemical Industry Co. Ltd. A. 20. 3. 71, B. 10. 11. 72. Kl.: 42 B 22. A.-Z.: 7115499.

SUP 382777 (Urheberschein). Verfahren zur Herstellung von kupfer- oder cadmiumhaltigen Regeneratcellulosefaserstoffen. Erf.: *F. A. Ismailov*, *S. T. Šapošnikova* u. *B. I. Ajchodžaev*. A. 2. 12. 70, B. 23. 5. 73. Int. Kl.: D 01f 3/02. A.-Z.: 1496844/23 – 5.

SUP 384949 (Urheberschein). Verfahren zur Herstellung von Faserstoffen aus dem Gemisch des Celluloseacetats mit einem zweiten Polymeren. Erf.: *B. I. Zubovič* u. 4 weitere. Anm.; Proektnokonstruktorskoe i Technologičeskoe Bjuro Ministerstva legkoj Promyšlennosti Tadžikskoj SSR i Institut Chimii AN Tadžikskoj SSR. A. 5. 1. 70, B. 29. 5. 73. Int. Kl.: D 01f 1/02, 3/36. A.-Z.: 1393390/23 – 5.

DTO 2161967. Reifendraht und Verfahren zur Herstellung dieses Drahtes. Erf.: *Günther Vock*. Anm.: Farbwerke Hoechst AG vorm. Meister Lucius & Brüning, 6000 Frankfurt. A. 14. 12. 71, B. 20. 6. 73. Kl.: 29b, 3/60. Int. Kl.: D 01f 7/04. A.-Z.: P 2161967.

JAP 7211433. Polyesterfaserstoffe zum Polstern. Erf.: *Yasuhiro Murase*, *Masao Sekiguchi*, *Manetsugu Kikuyama* u. *Tamio Yamamoto*. Inh.: Teijin Ltd. A. 29. 6. 71, B. 13. 2. 73. Kl.: 42 D 12. A.-Z.: 7147481. Entspr. FRP 2144180.

JAP 7229626. Aus isotaktischem Polypropylen und Äthylen/Propylen-Copolymerem hergestellte Fäden mit silberartigem Glanz. Erf.: *Katsumasa Hoshi*. Inh.: Japan Olefin Chemicals Co. Ltd. A. 3. 3. 71, B. 7. 11. 72. Kl.: 42 D 21.

JAP 7231954. Polyäthylenterephthalat-Faserstoffe. Erf.: *Kiyokazu Tsunawaki*, *Shigeru Sasama*, *Katsuhisa Watanabe*, *Yuzo Aito*, *Takasuke Shinoki* u. *Kiyoshi Nawata*. Inh.: Teijin Ltd. A. 9. 9. 69, B. 16. 8. 72. Int. Kl.: C 08g, D 01f. A.-Z.: 6971539.

JAP 7235539. Koagulation von Polyvinylpyrrolidinonfäden oder -filmen. Erf.: *Haruhiko Uemura*, *Hiroshi Takeda* u. *Masanobu Morikawa*. Inh.: Toray Industries, Inc. A. 17. 7. 68, B. 7. 9. 72. Int. Kl.: C 08g, D 01f. A.-Z.: 6850064.

JAP 7242856. Acrylnitrilpolymerkomposition mit guter Transparenz und Feuerfestigkeit. Erf.: *Hiroyoshi Tanaka*, *Shigeru Fuji*, *Katsunori Ohkushi* u. *Tadashi Kato*. Inh.: Toray Industries, Inc. A. 4. 5. 71, B. 18. 12. 72. Kl.: 25(1) C 178, 25(1) C 142.181. A.-Z.: 7128910.

JAP 7301421. Wärmebeständiger Polyesterfaserstoff. Erf.: *Katsumi Hirooki* u. *Shoji Kurosaki*. Inh.: Kuraray Co., Ltd. A. 31. 5. 71, B. 10. 1. 73. Kl.: 42 D 12. A.-Z.: 7138103.

D 01g. Vorbehandlung der Fasern, z. B. zum Verspinnen

CSP 149728. Messerkopf zur Schneidemaschine für die Herstellung von Stapelfasern mit veränderlicher Schnittlänge. Erf.: *Zdenêk Votava* u. *Josef Urban*. A. 21. 11. 68, B. 27. 10. 72. Kl.: 29a, 6/05, Int. Kl.: D 01g 1/04. A.-Z.: 7933/68.

D 02. Garne; mechanische Veredlung von Garnen oder Seilen; Schären oder Bäumen

D 02g. Kräuseln oder Krimpfen (Texturieren) von Fasern, Zwirnen oder Garnen; Garne oder Zwirne

DLP 96735. Vorrichtung zur wahlweisen Änderung der Drehrichtung der Drehröhrchen einer Falschdrallmaschine. Erf.: *Hans Burri*. Inh.: Heberlein & Co. AG (CH). A. 21. 4. 72, B. 5. 4. 73. Kl.: 29a, 6/20, Int. Kl.: D 02g 1/08. A.-Z.: AP D 02g/162487.

DLP 98701. Einrichtung zur Kräuselung von Fäden nach der Aufpreßmethode. Erf.: *Alexei Alexeevich Volkhonsky*, *Vladimir Vasilievich Shemyatovsky*, *Vladimir Vladimirovich Shetler*, *Oleg Grigorievich Naimushin u. Galina Georgievna Pronina*, *Valentin Ivanovic Kulagin* u. *Gennady Fedorovich Rychkov*. Inh.: Vsesojuzny nauchno-issledvoatelsky Institut lekogo i textilnogo mashinostroeniya (SU). A. 14. 8. 72, B. 5. 7. 73. Kl.: 29a, 6/06, Int. Kl.: D 02g 1/08. A.-Z.: WP D 02g/165052).

DLP 98702. Heizvorrichtung an Texturiermaschinen, insbesondere für Stauchkräuselmaschinen. Erf. u. Inh.: *Lutz Brenner* u. *Wolfgang Gerhardt*. A. 7. 9. 71, B. 5. 7. 73. Kl.: 29a, 6/20, Int. Kl.: D 02g 1/12. A.-Z.: WP D 02g/157581.

DTO 2164802. Verfahren und Vorrichtung zum Einziehen von laufenden Fäden bzw. Garnen in enge Kanäle. Erf.: *Wolfgang Martin*, *Ulrich Schwörer*, *Wolfgang Bauer* u. *Dieter Staufer*. Anm.: Badische Anilin- & Soda-Fabrik AG, 6700 Ludwigshafen (DT). A. 27. 12. 71, B. 28. 6. 73. Kl.: 29a, 6/20, Int. Kl.: D 02g 1/02. A.-Z.: P 2164802.

DTO 2200427. Texturiertes Polyesterendlosgarn und ein Verfahren zu seiner Herstellung. Erf.: *Hans Bach*, *Karl-August Heinroth*, *Hans-Dieter Jurischka* u. *Rudolf-Jürgen Klee*. Anm.: Bayer AG, 5090 Leverkusen (DT). A. 5. 1. 72, B. 12. 7. 73. Kl.: 29a, 6/20, Int. Kl.: D 02g 1/02. A.-Z.: P 2200427.

DTO 2263504. Texturiervorrichtung für synthetische Garne. Erf.: *Savio Luciano*. Anm.: Officine Savio S.p.A., Pordenone (IT). A. 27. 12. 72, B. 19. 7. 73. Kl.: 29a, 6/20, Int. Kl.: D 02g 1/00. A.-Z.: P 2263504. Prior.: 3. 1. 72 (IT; A.-Z.: 83304 A/72).

CHP 539144. Falschzwirnverfahren. Erf.: *Hazime Hino*, *Nobuji Asaka*, *Sadao Tsuda*, *Masuo Tsuge* u. *Naoki Arai*. Inh.: Teijin Ltd., No. 1, Umeda, Kita-ku, Osaka (JA). A. 12. 1. 70, B. 29. 12. 72. Int. Kl.: D 02g 1/02. A.-Z.: 351/70.

SUP 382779 (Urheberschein). Verfahren zur Herstellung von Garn aus einem Gemisch unterschiedlich schrumpfender Fäden. Erf.: *T. K. Zinov'eva* u. 8 weitere. Anm.: Leningradskij naučno-issledovatel'skij Institut tekstil'noj Promyšlennosti. A. 12. 4. 71, B. 23. 5. 73. Int. Kl.: D 02g 1/18. A.-Z.: 1641984/28 – 12.

SUP 383319. Vorrichtung zum Kräuseln von thermoplastischen Fäden. Erf.: *Frederic William Hole* (GB). Anm.: John Heatcout and Co. Ltd. (GB). A. 12. 9. 68, B. 23. 5. 73. Int. Kl.: D 01d 1/14. A.-Z.: 1268960/28 - 12. Prior.: 20. 9. 67 (GB; A.-Z.: 42808/67, GBP 1206445. Entspr. DTO 1785399.

D 02j. Veredeln oder Ausrüsten von Fäden, Garnen, Zwirnen, Schnüren, Seilen od. dgl.

DLP 96986. Verfahren zur Herstellung von Polyesterfaserstoffen mit erhöhter Schrumpffähigkeit. Erf. u. Inh.: *Siegfried Hoffrichter, Edith Groß* u. *Ernst-Peter Schmidt*. A. 8. 10. 71, B. 12. 4. 73. Kl.: 29a, 6/30, Int. Kl.: D 01d 5/12. A.-Z.: WP D 01d/158176.

GBP 1322553. Verfahren und Vorrichtung zur Wärmeübertragung. Inh.: *N. V. Akzo* A. 6. 8. 70, B. 4. 7. 73. Kl.: F2.U, Int. Kl.: F 16c 13/00, D 01d 9/08. A.-Z.: 38049/70. Prior.: 7. 8. 69 (NL; A.-Z.: 6912025). Entspr. DTO 2039213.

JAP 7235322. Durch Oberflächencarbonisierung hergestellte wärmebeständige aromatische Polyamidfaserstoffe. Erf.: *Seizaburo Hirata*. Inh.: Teijin Ltd. A. 16. 4. 71, B. 24. 11. 72. Kl.: 42 EO. A.-Z.: 7124362.

CHP 538558. Ofen für die thermische Behandlung von synthetischen Garnen. Erf. u. Inh.: *Carlo degli Antoni*, *Belluno Lentiai*, (IT). A. 10. 11. 71, Int. Kl.: D 02j 13/00. A.-Z.: 16299/71. Prior.: 26. 11. 70 (IT; A.-Z.: 32266 A/70). Entspr. DTO 2105350.

PAPIER

D 21. Papierherstellung; Gewinnung von Cellulose bzw. Zellstoff

D 21c. Gewinnung von Cellulose durch Abscheiden nichtcelluloseartiger Substanzen von cellulosehaltigen Stoffen; Wiedergewinnung der Zellstoffablaugen; Vorrichtungen dafür

DLP 98711. Verfahren zur Herstellung von Zellstoff. Erf.: *Emilio Krüger*, *Guglielmo Ruffini*, *Giovanni Gandini* u. *Franco Ghislandi*. Inh.: Vita Mayer & C. gia F. lli Vita S.a.S. (IT). A. 12. 11. 69, B. 5. 7. 73, Kl.: 55b, 1/01, Int. Kl.: D 21c 3/02. A.-Z.: WP 55b/143681. Prior.: 30. 7. 69, 26. 9. 69 (IT; A.-Z.: 20285 A/69, 22550 A/69). Entspr. CHP 510168.

Sektion G,. Physik

G 01. Messen; Prüfen

G 01n. Untersuchen der chemischen oder physikalischen Eigenschaften von Stoffen

SUP 385194 (Urheberschein). Relaxationsmeßgerät. Erf.: *v. V. Lakiza* u. *L. G. Vol'nych*. Anm.: Voronežskij technologičeskij Institut. A. 27. 4. 70, B. 29. 5. 73. Int. Kl.: G 01n 3/08. A.-Z.: 1429945/23 - 5.

SUP 386320 (Urheberschein). Gerät zur Bestimmung der Wasserdurchlässigkeit. Erf.: *L. A. Zubarev*, *A. Ja. Rinkis* u. *M. E. Vodop'janov*. A. 17. 6. 70, B. 14. 6. 73. Int. Kl.: G 01n 7/10. A.-Z.: 1448747/23 - 5.

SUP 380991 (Urheberschein). Kapillarviskosimeter. Erf.: *A. S. Morozov* u. *G. V. Vinogradov*. Anm.: Institut neftechimičeskogo sinteza, Im. *A. V. Topčiera* A. 7. 6. 71, B. 15. 5. 73. Int. Kl.: G 01n 11/04. A.-Z.: 1669991/26 - 25.

SUP 380996 (Urheberschein). Rotationsviskosimeter. Erf.: *V. D. Krutogolov* u. *P. A. Ivanov*. Anm.: Gorkovskij issledovatel'skij fiziko-techničeskich Institut. A. 20. 12. 71, B. 15. 5. 73. Int. Kl.: G 01n 11/14. A.-Z.: 1726106/26 - 25.

SUP 384058 (Urheberschein). Vorrichtung zur Untersuchung der Umwandlungen der übermolekularen Struktur von Polymeren. Erf.: *V. A. Belyj* u. 5 weitere. Anm.: Institut mechaniki metallopolimernych sistem AN Belorusskoj SSR. A. 11. 3. 71, B. 23. 5. 73. Int. Kl.: G 01n 21/00. A.-Z.: 1630214/23 - 5.

SUP 382964 (Urheberschein). Vorrichtung zur Bestimmung des dynamischen Schubmoduls von Fasern und Fäden. Erf.: *B. D. Rysjuk*, *M. P. Nosov*, *S. G. Osinin* u. *S. S. Teplickij*. Anm.: Kievskie ėksperimental'nye Masterskie i Kievskij Filial Vsesojuznogo naučno-issledovatel'skogo Instituta iskusstvennogo volokna. A. 17. 5. 71, B. 23. 5. 73. Int. Kl.: G 01n 29/00. A.-Z.: 1659865/28 - 12.

DLP 99012. Verfahren und Vorrichtung zur Messung von Schnittkräften an kleinen Objekten, insbesondere an Fasern und Verbundwerkstoffen. Erf. u. Inh.: *Hans-Georg Hicke* u. *Klaus Nitzsche*. A. 19. 7. 72, B. 12. 7. 73. Kl.: 42k, 50, Int. Kl.: G 01n 33/36. A.-Z.: WP G 01n/164512.

Literaturschau

Auszug aus Lieferung 21 und 22/1973 der Literaturschau „Faserstoffe und Textiltechnik", zusammengestellt von der Abteilung Information und Dokumentation des Instituts für Polymerenchemie der AdW der DDR, 153 Teltow-Seehof, Kantstr. 55

I. Wissenschaftliche Grundlagen

Allgemeines

(Untersuchungsmethoden u. a.)

Aleskerov, M. A., Jufit, S. S.: Vorrichtung für die genaue Probeentnahme bei der Untersuchung der Kinetik in flüssiger Phase. Ž. fizič. Chimii (Z. physik. Chemie) **47** (1973) 9, S. 2437 - 2438.

Kamata, T., Nakahara, H.: Lichtstreuungsmethode unter Anwendung nur einer Konzentration. J. colloid interface Sci. **43** (1973) 1, S. 89 - 96.

Albrecht, H., Wagner, E.: Ein Meßgerät zur Bestimmung von Bestrahlungsstärken im ultravioletten Bereich. GIT. Fachz. Laboratorium **17** (1973) 10, S. 1012 - 1014, 1017.

Kiefer, W., Schmid, W. J., Topp, J. A.: Ein rechnendes Zwei-Kanal-Photonenzählsystem für die Raman-Spektroskopie. GIT. Fachz. Laboratorium **17** (1973) 10, S. 1018 - 1020, 1023 - 1024.

Physik und Chemie der Hochpolymeren

Layec, Y., Wolff, Cl.: Intrinsic-Viskosität von Lösungen starrer Teilchen bei hohen Schergeschwindigkeiten. J. Polymer Sci.: Polymer Chem. **11** (1973) 7, S. 1653 - 1672.

Kotliar, A. M.: Einfluß von Wechselwirkungsreaktionen auf Nichtgleichgewichts-Verteilungen von Polykondensaten und ihre durchschnittlichen assoziierten relativen Molekülmassen. J. Polymer Sci.: Polymer Chem. Ed. **11** (1973) 6, S. 1157 - 1165.

Turner, J. C. R.: Über die Verteilung der relativen Molekülmasse bei der Polykondensation. Polymer, London **14** (1973) 9, S. 000.

Archipova, V. S., Kuznecova, Z. I., Usov, A. I.: Bestimmung der relativen Molekülmasse von Sulfopropyl- und Sulfobutylcellulose durch Sedimentation in der Ultrazentrifuge und Viskosimetrie. Izv. Akad. Nauk SSSR, Serija chim. (Nachr. Akad. Wiss. UdSSR, Chemie) (1973) 9, S. 2124 - 2126.

Saiz, E., Horta, A.: Lineare Kombination von zwei Parameter-Funktionen für die Verteilung der relativen Molekülmasse von Polymeren. European Polymer J. **9** (1973) 8, S. 805 - 814.

Nagasubramanian, K., Reimschuessel, H. K.: Diffusion von Wasser und Caprolactam in Polyamid-6-Schmelzen. J. appl. Polymer Sci. **17** (1973) 6, S. 1663 - 1677.

Sewell, J. H.: Verfahren zur Berechnung der Dichte von Polymeren. J. appl. Polymer Sci. **17** (1973) 6, S. 1741 - 1747.

Leal, L. G., Hinch, E. J.: Theoretische Untersuchungen über eine Suspension starrer Teilchen, die durch Brownsche Bewegung beeinflußt wird. Rheologica, Acta, Darmstadt **12** (1973) 2, S. 127 - 132. (engl.).

Pearson, J. R. A., Shah, Y. T.: Über die Stabilität der nicht-isothermen Strömung in Kanälen. Rheologica Acta, Darmstadt **12** (1973) 2, S. 240 - 244 (engl.).

Manning, A. J., Rodriguez, F.: Vorhersage der Löslichkeiten von Vinylpolymeren. J. appl. Polymer Sci. **17** (1973) 6, S. 1651 - 1662.

Tiedeken, R.: Stand, Entwicklungstendenzen und Einsatzmöglichkeiten der Faseroptik. Technik **28** (1973) 7, S. 423 - 425; 8, S. 490 - 493.

Kambe, H., Kambe, Y., Honda, C.: Lichtstreuung bei Terpolymerlösungen. Polymer, London **14** (1973) 9, S. 460 - 461.

Aulov, V. A., Suchov, F. F., Slovochotova, N. A.: Untersuchung der Molekularbewegung von Polyäthylen bei tiefen Temperaturen mit Hilfe der Radiolumineszenzmethode. Vysokomol. Soed. (Hochmol. Verbind.) Serie B: Kratkie Soobšč. (Kurzmitt.) **15** (1973) 8, S. 615 - 616.

Schmedding, P., Zachmann, H. G.: Berechnung des zweiten Momentes des Kernresonanzsignals von Polyäthylenmolekülen mit festliegenden Enden. I. Große relative Fadenendenabstände. Kolloid-Z. u. Z. Polymere **250** (1972) 11/12, S. 1105 - 1110.

Ishigure, K., Tabata, Y., Oshima, K.: Fluor-19-KMR-Spektren von Tetrafluoräthylen-Propylen-Copolymeren. Macromolecules, Washington **6** (1973) 4, S. 584 - 588.

Tašmuchamedov, S. A., Cagaraev, Ė. T., Tillaev, R. S., Usmanov, Ch. U.: Elektronenmikroskopische Untersuchung der Struktur von Pfropfcopolymeren des Celluloseacetats mit Polyvinylpyridin. Vysokomol. Soed. (Hochmol. Verbind.) Serie A 15 (1973) 9, S. 2082 - 2085.

Kulshreshtha, A. K., Hunter, R. E., Dweltz, N. E.: Eine Varianzanalyse der Linienverbreiterung von Röntgenprofilen von FORTISAN. Polymer, London **14** (1973) 9, S. 402 - 404.

Jungnickel, B. J., Teichgräber, M., Ruscher, Ch.: Zur diskontinuierlichen Röntgenkleinwinkelstreuung an Polymeren mit axialer oder uniplanaraxialer Textur. Teil I. Theorie. Faserforsch. u. Textiltechnik **24** (1973) 10, S. 423 - 429.

Brämer, R.: Eindimensionale Röntgenkleinwinkelstreuformeln parakristalliner Lamellenclusterstrukturen. Kolloid-Z. u. Z. Polymere **250** (1972) 11/12, S. 1034 - 1038.

Riley, M. R.: Legendre-Koeffizienten für Reihenentwicklung der Orientierungsverteilungsfunktion für ellipsoide Makromoleküle bei zweidimensionaler laminarer Strömung. J. colloid interface Sci. **43** (1973) 1, S. 203 - 208.

Chatterjee, S. K., Gupta, N. D.: Einfluß von Struktur und Zusammensetzung auf die Titrationskurven einiger synthetischer Copolymerer in nichtwäßrigem Medium. J. Polymer Sci.: Polymer Chem. Ed. **11** (1973) 6, S. 1261 - 1270.

Baumgärtner, A., Blasenbrey, S., Dollhopf, W., Liska, E., Pechhold, W.: Zur Mikrostruktur von PET. Kolloid-Z. u. Z. Polymere **250** (1972) 11/12, S. 1026 - 1032.

Peterlin, A.: Die Dicke nichtkristalliner Oberflächenschichten von Polyäthyleneinkristallen. J. colloid interface Sci. **43** (1973) 2, S. 255 - 263.

Kurilenko, A. S., Krul', L. P., Kalinin, V. N.: Über den Modifizierungsmechanismus der Struktur sowie der mechanischen und thermomechanischen Eigenschaften von orientierten Polyäthylenfolien durch Pfropfung von Acrylnitril. Vysokomol. Soed. (Hochmol. Verbind.) Serie **A 15** (1973) 9, S. 1942 - 1947.

Vasil'ev, B. V.: Koeffizienten der Packungsdichte von polymorphen Modifikationen des Cellulosetriacetats. Vysokomol. Soed. (Hochmol. Verbind.) Serie B: Kratkie Soobšč. (Kurzmitt.) **15** (1973) 8, S. 610 - 612.

Johnsen, U., Spilgies, G.: Keimbildung und Kristallisation von nukleiertem und nicht nukleiertem Polypropylen bei konstanter Abkühlgeschwindigkeit. Kolloid-Z. u. Z. Polymere **250** (1972) 11/12, S. 1174 - 1181.

Gogolewski, S., Pennings, A. J.: Kristallisation von Polyamiden unter erhöhtem Druck: Polyamid 6 (Polycaproamid). Polymer, London **14** (1973) 9, S. 463 - 464.

Kumbar, M.: Hydrodynamische Eigenschaften von supergeknäuelten linearen Polymermolekülen. J. chem. Physics **58** (1973) 7 (Teil 1), S. 2874 - 2881.

Armstrong, R. C., Bird, R. B.: Spannungstensor für spontanes Fließen von verdünnten Lösungen stäbchenförmiger Makromoleküle. J. chem. Physics **58** (1973) 7 (Teil 1), S. 2715 - 2723.

Cobble, M. H., Smith, P. R., Mulholland, G. P.: Nichtlineare Bewegungsgleichungen für eine nicht-Newtonsche Flüssigkeit in einem orthogonalen Koordinatensystem. Rheologica Acta, Darmstadt **12** (1973) 2, S. 212 - 216 (engl.).

Einaga, Y., Osaki, K., Kurata, M., Sugie, T., Tamura, M.: Kriechverhalten von Polymerlösungen. IV. Polystyrol in chloriertem Diphenyl unterhalb *Mc*. Macromolecules, Washington **6** (1973) 4, S. 598 - 604.

Nemoz, G., May, J.-F., Vallet, G.: Dynamisch-mechanische Eigenschaften einiger Polymethylenglykolterephthalate. European Polymer J. **9** (1973) 8, S. 739 - 748 (franz.).

Gorchard, W.: Über die thermodynamische Stabilität von hochmolekularen Stoffen im flüssigen Zustand. Kolloid-Z. u. Z. Polymere **250** (1972) 11/12, S. 1182–1186.

Zajceva, N. K., Klimova, O. M., Kostenko, V. V., Chin'kis, S. S., Emel'janova, A. T.: Untersuchung thermischer Eigenschaften von Methylmethacrylat/Vinylencarbonat-Copolymeren. Ž. prikl. Chimii (Z. angew. Chemie) **46** (1973) 9, S. 2070–2073.

Candau, F., Strazielle, C., Benoit, H.: Einfluß des Verzweigungsgrades auf die „theta"-Temperatur von einigen Polymeren in verschiedenen Lösungsmitteln. Makromol. Chemie **170** (1973) S. 165–176 (franz.).

Fedotova, O. Ja., Gorochov, V. I., Karetnikov, G. S., Koršak, V. V.: Untersuchung des thermischen Abbaus von Polyharnstoffen. Vysokomol. Soed. (Hochmol. Verbind.) Serie A **15** (1973) 9, S. 2036–2041.

Paciorek, K. L., Kratzer, R. H., Kaufmann, J.: Thermooxydativer Abbau von Polytetrafluoräthylen. J. Polymer Sci.: Polymer Chem. Ed. **11** (1973) 7, S. 1465–1473.

Parrini, P.: Elektrische Leitfähigkeit in Polyvinylchlorid. Polymer, London **14** (1973) 9, S. 445–450.

Kudrjavceva, G. A., Sade, V. A., Parlsor, N. N., Grišova, A. I., Šumanova, G. M.: Einfluß von Luft auf die Eigenschaften von Polycaproamid. Plast. Massy, Moskva (Plast. Massen) (1973) 9, S. 56–57.

Medvedeva, F. M., Andrianova, N. V., Šembel', N. L., Sagalaev, G. V., Simonova, T. F.: Eigenschaften von modifiziertem Polyäthylenterephthalat. Plast. Massy, Moskva (Plast. Massen) (1973) 9, S. 42–44.

Kuwahara, N., Nakata, M., Kaneko, M.: Trübungspunkt-Kurven des Polystyrol/Cyclohexan-Systems in der Nähe des kritischen Punktes. Polymer, London **14** (1973) 9, S. 415–419.

Zowall, H., Swiątecka, M.: Identifizierung von Polyesterharzen durch gaschromatographische Untersuchung ihrer Pyrolyseprodukte. Polimery, Warszawa **18** (1973) 6. S. 325–327.

Walent, Z., Majewska, J., Grams, W., Krzystek, H.: Kontinuierliche Polymerfraktionierung durch Trübungstitration. Hemijska Vlakna, Loznica/Jugoslaw. (Chem. Fasern) **12** (1972) 3/4, S. 5–7.

Varma, I. K., Sambandam, R. M., Varma, D. S.: Thermische Analyse von Poly-1,3,4-oxadiazol-2,5-diyl-1,4-phenylen und Poly-1,3-phenylen-1,3,4-oxadiazol-2,5-diyl-1,4-phenylen. Makromol. Chemie **170** (1973) S. 117–130 (engl.).

Krylatov, Ju. A., Tumanova, T. A., Talmud, S. L.: Thermochemische und kinetische Untersuchung der Wechselwirkung zwischen Cellulosematerialien und wäßriger Cadoxenlösung. Ž. prikl. Chimii (Z. angew. Chemie) **46** (1973) 8, S. 1806–1810.

Morawetz, H., Cho, June-Ru, Gans, P. J.: Auswirkungen des ausgeschlossenen Volumen-Effektes auf die Geschwindigkeit von Reaktionen, an denen zwei als statistische Knäuel vorliegende Polymerketten beteiligt sind. I. Theoretische Untersuchung. Macromolecules, Washington **6** (1973) 4, S. 624–627.

Velikanova, I. M., Litovčenko, G. D., Kostrov, Ju. A., Papkov, S. P.: Untersuchung der Umsetzung von Celluloseacetat mit Dimethylolöthylenharnstoff. Ž. prikl. Chimii (Z. angew. Chemie) **46** (1973) 9, S. 2062–2066.

Minoura, M., Kojima, Y., Takizawa, A.: Mischsorption von Wasser/Methylalkohol an Polyvinylalkohol, Polyvinylacetat und Vinylacetat-Vinylalkohol-Copolymeren. Sen-i Gakkaishi (J. Soc. Fiber Sci. Technol. Japan) **29** (1973) 7, S. T290–T295 (jap.; engl. Zusammenfass.).

Zagumennova, T. I., Kudim, T. V., Sokolov, L. B.: Anwendung von aromatischem Polyamid „Fenilon" als Sorptionsmittel. Ž. prikl. Chimii (Z. angew. Chemie) **46** (1973) 9, S. 2120–2121.

Grassie, N., Jenkins, R. H.: Photothermischer Abbau von Methylmethacrylat-n-Butylacrylactopolymeren. European Polymer J. **9** (1973) 8, S. 697–716.

Usmanov, Ch. U., Jul'čibaev, A. A., Chalikova, O. S., Chudajberganova, Ėl.: Photo- und thermische Alterung von Vinylfluorid/Vinylacetat-Copolymeren. Plast. Massy, Moskva (Plast. Massen) (1973) 9, S. 53–54.

Malinen, R., Sjöström, E.: Untersuchungen über die Reaktionen von Kohlenhydraten während der Sauerstoffbleiche. Teil III. Abbau von Cello-Oligosacchariden und Hydrocellulose. Paperi ja Puu, Helsinki (Papier u. Holz) **55** (1973) 8, S. 547–550, 553–556.

Nakanishi, F., Hasegawa, M., Takahashi, H.: Aliphatische Polyamidosäuren und Polyimide mit Cyclobutanringen in der Hauptkette. Polymer, London **14** (1973) 9, S. 440–444.

Cheng, D. C.-H.: Eine differentielle Form der grundlegenden Beziehung für die Thixotropie. Rheologica Acta, Darmstadt **12** (1973) 2, S. 228–233 (engl.).

Physik und Chemie der Monomeren und Oligomeren

Borisova, T. I., Čirkov, V. N., Ševeler, V. A.: Untersuchung der Molekularbewegung von in eine Polymermatrize eingebauten polaren Monomeren. Vysokomol. Soed. (Hochmol. Verbind.) Serie A **15** (1973) 9, S. 2131–2139.

Gajzler, L., Michońska-Cebromska, J., Orlikowska, H., Kasperczyk, K.: Einige mit den Untersuchungen zur Herstellung von Isocyanaten auf der Basis von Diamindiphenylmethan zusammenhängende analytische Probleme. Polimery, Warszawa **18** (1973) 6, S. 323–325.

Fruwert, J., Ackermann, M., Geiseler, G.: Zur Kenntnis des Assoziationsverhaltens von ε-Caprolactam. Z. physik. Chemie, Leipzig **253** (1973) 3/4, S. 264–265.

Eremin, Ju. G., Kopylova, G. A.: Polarographische Bestimmung von Caprolactam in Abwässern. Žavodsk. Labor., Moskva (Betriebslabor) **39** (1973) 9, S. 1065–1066.

Polymerisation

Wegner, G.: Organische Festkörperchemie. Nachrichten Chemie Technik **21** (1973) 16, S. 375–378. In: Angew. Chemie **85** (1973) 16.

Šňupárek, J. jr.: Emulsionspolymerisation. Chem. Prům., Praha (Chem. Ind.) **23(48)** (1973) 9, S. 469–474.

Ivančev, S. S., Andor, I. A., Solomko, N. I.: Über die Bedeutung der Phasengrenzfläche bei der Bestimmung der Initiierungsgeschwindigkeit der Suspensionspolymerisation. Ž. prikl. Chimii (Z. angew. Chemie) **46** (1973) 8, S. 1724–1729.

Dyer, E., Sincich, E.: Anionische Copolymerisation von Isocyanaten mit Ketenen. J. Polymer Sci.: Polymer Chem. Ed. **11** (1973) 6, S. 1249–1260.

Huglin, M. B., Zlater, V. B.: Optimierung der Reaktionsbedingungen für strahlungschemische Pfropfung von Acrylsäure auf Polyäthylenterephthalat. European Polymer J. **9** (1973) 8, S. 761–769.

Kricheldorf, H. R.: Synthese und Reaktionen difunktioneller N-Acyl-β-lactame. Makromol. Chemie **170** (1973) S. 89–103.

Bunijat-zade, A. A., Avakjan, L. G., Bulatnikova, E. L.: Untersuchung der Polymerisationskinetik von 4-Methylpenten-1 mittels Chromatographie. Vysokomol. Soed. (Hochmol. Verbind.) Serie B: Kratkie Soobšč. (Kurzmitt.) **15** (1973) 8, S. 578–580.

Kuznecova, Z. I., Ivanova, E. G., Usov, A. I.: Synthese von Aminopolyacetylen durch Reduktion von Kondensationsprodukten aus Dialdehydcellulose mit Nitromethan. Izv. Akad. Nauk SSSR, Serija chim. (Nachr. Akad. Wiss. UdSSR, Chemie) (1973) 8, S. 1858–1862.

Samulska-Rozwadowska, B.: Modifizierung von Polyvinylalkohol unter Einwirkung von UV-Strahlen. II. Durch UV-Strahlen induzierte Pfropfung von Vinylmonomeren auf Polyvinylalkohol. Polimery, Warszawa **18** (1973) 7, S. 343–346.

Ulbricht, J., Seidel, W.: Zur Kinetik der Polymerisation des Vinylchlorids. I. Photopolymerisation in verschiedenen Lösungsmitteln im stationären Zustand. II. Die Bestimmung der Elementarkonstanten. J. prakt. Chemie **315** (1973) 4, S. 668–674; 675–678.

Berlin, A. A., Švareva, G. N., Makarov, Ju. A., Anikina, V. B.: Bestimmung von Copolymerisationskonstanten von Äthylthioäthylmethacrylat und Methylmethacrylat. Ž. prikl. Chimii (Z. angew. Chemie) **46** (1973) 9, S. 2109–2111.

Deshpande, A. B., Kale, S. M., Kapur, S. L.: Radikalische Polymerisation von Methylmethacrylat in Gegenwart des $Cr(C_5H_7O_2)_3/Al(i\text{-}C_4H_9)_3$-Katalysatorsystems. J. Polymer Sci.: Polymer Chem. Ed. **11** (1973) 6, S. 1307–1315.

Lebedeva, Ju. V., Trubicyna, S. N., Askarov, M. A., Margaritova, M. F.: Einige Besonderheiten der getrennten und der gemeinsamen Polymerisation von Styrol und Methylmethacrylat in Gegenwart eines Systems: Peroxid/Cetylpyridiniumchlorid als Initiator. Vysokomol. Soed. (Hochmol. Verbind.) Serie B: Kratkie Soobšč. (Kurzmitt.) **15** (1973) 8, S. 612–615.

Devi, N. G. Mahadevan, V.: Redoxpolymerisation von Acrylnitril-Kinetik der durch das Redoxsystem Dimethylsulfoxid/Mn(III) initiierte Reaktion. J. Polymer Sci.: Polymer Chem. Ed. **11** (1973) 7, S. 1553–1564.

Feldman, D., Crusos, A., Ungureanu, C., Nuţă, V.: Copolymere des Acrylnitrils. Untersuchung der Copolymerisation in heterogener Phase im ternären System Acrylnitril/Vinylacetat/Acrylsäure. Materiale plast., Bucureşti **10** (1973) 7, S. 351–354.

Dimonie, M., Oprescu, Cr., Hupca, G.: Ringöffnungspolymerisation von Cycloolefinen. II. Mechanismus der Polymerisationsreaktion. Materiale plast., Bucureşti **10** (1973) 8, S. 417–421.

Gorin, Ju. A., Rodina, Ė. I., Osipčuk, E. O.: Polymerisation von Tetrahydrofuran unter Einwirkung des katalytisch wirkenden Systems: $Al(iso\text{-}C_4H_9)_3/H_2O$/3-Äthyl-3-chlormethyloxacyclobutan. Ž. prikl. Chimii (Z. angew. Chemie) **46** (1973) 8, S. 1787–1791.

Koršak, V. V., Rusanov, A. L., Iremašvili, C. G., Žuravleva, I. V., Baranov, E. L. (Schreibw. i. Orig.: *Korshak, V. V., Iremashvili, Ts. G., Zhuravleva, I. V.*): Synthese und Untersuchung von Polytriazolchinazolinen. Macromolecules, Washington **6** (1973) 4, S. 483–492.

Sonderfragen

Abramzon, A. A., Malachova, E. E., Makagonova, N. N., Chimič, G. I.: Das elektrokinetische Potential und die Beständigkeit von Emulsionen. Kolloid Ž., Moskva **35** (1973) 5, S. 951–954.

II. Faserstoffe. Ausgangsstoffe usw.

Calistru, E.: Struktur der Textilfasern. Ind. textilă, Bucureşti **24** (1973) 9, S. 521–524.

Naturfaserstoffe

Pflanzliche Faserstoffe

Mukherjee, R. R., Radhakrishnan, T.: Lange Pflanzenfasern. Textile Progress, Manchester **4** (1972) 4, S. 1–81

Kulshreshtha, A. K., Patel, K. F., Patel, A. R., Patel, M. M., Baddi, N. T.: Feinstruktur und mechanische Eigenschaften von Baumwollfasern in verschiedenen Wachstumsstadien. Cellulose Chem. Technology, Jassy/Rum. **7** (1973) 3, S. 307–314 (engl.).

Tierische Faserstoffe

Kunčev, E., Buzev, W. S., Kolev, St. M. (Schreibw. i. Orig.: *Kantschev, Eugeni*): Die Dehnung DMEU-modifizierter Wollfasern. Melliand Textilber. internat. **54** (1973) 9, S. 960–963.

Canev, B.: Feststellung von Schäden an einheimischer Wolle durch Harnstoff-Bisulfitlöslichkeit. Tekstil. Prom., Sofija (Textil-Ind.) **22** (1973) 5, S. 236–240.

Ultee, A. J.: α-Aminoadipinsäure aus bromierten Proteinen. J. Textile Inst. **64** (1973) 9, S. 547–549.

Chemiefaserstoffe

Cellulose und Zellstoff

Allan, G. G., Bullock, G., Neogi, A. N.: Modifizierung von Faseroberflächen. XIV. Synthetische Analoge von Holz. J. Polymer Sci.: Polymer Chem. Ed. **11** (1973) 7, S. 1759–1764.

Nepenin, Ju. N., Pazuchina, G. A., Bogomolova, E. Ja.: Einfluß der Lagerungsbedingungen des Fichtenholzes auf die Eigenschaften von Sulfit-Sulfatzellstoff für die Acetylierung. Bumaž. Prom. (Papier-Ind.) (1973) 9, S. 3–4.

Manouchehri, M., Samuelson, O.: Einfluß von Katalysatoren und Inhibitoren auf den Abbau von Kohlenhydraten während der Sauerstoffbleiche. Svensk Papperstidn. **76** (1973) 13, S. 486–492.

Regeneratfaserstoffe

Meßner, D., Peterson, G.: Die rheologischen Eigenschaften von Viskoselösungen als Funktion ihres Aufbaus. Papier **27** (1973) 9, S. 373–376.

Harms, J., Krässig, H., Saphofer, F.: Neue Polmaterialien für Teppiche. Chemiefasern/Textil-Ind. **23/75** (1973) 9, S. 845–849; 10, S. 979–981.

Dimov, K., Bečev, Chr., Sarmadžieva, V. (Schreibw. i. Orig.: *Dimov, K., Betcher, Chr., Sărmadjieva, V.*): Eine Untersuchung über die Übergangstemperaturen von Celluloseacetat. J. thermal Analysis, Budapest/London **5** (1973) 4, S. 397–406 (engl.).

Synthetische Faserstoffe

Jinescu, V. V., Aslan, V., Cotoranu, M.: Programmierung und Durchführung von Versuchen an Extrudern. I. Versuchsprogrammierung und Versuchsmethodik. Materiale plast., Bucureşti **10** (1973) 7, S. 363–371

Nissen, D., Rossbach, V., Zahn, H.: Chemische Analytik von Synthesefasern. Angew. Chemie **85** (1973) 16, S. 691–706. 7. Mitt. d. Reihe „Synthesefasern in der Wollindustrie".
Koch, P.-A.: Faserstoff-Tabellen. Polyesterfasern. 4. Ausgabe 1973. Chemiefasern/Textil-Ind. **23/75** (1973) 9, S. 831–843.
Apostolov, I.: Erspinnen von Polyesterfaserstoff. Hemijska Vlakna, Loznica/Jugoslaw. (Chem. Fasern) **12** (1972) 3/4, S. 3–4.
Newall, V.: Keine Schläge mehr durch Nylon. Textilbetrieb **91** (1973) 9, S. 49–51 (dt., engl.).
Adărov, P.: Einfluß des Verzugs auf die Bauschigkeit der Polyamidseide WIDLON. Tekstil. Prom., Sofija (Textil-Ind.) **22** (1973) 5, S. 226–228.
Adamski, Z.: Untersuchungen über Methoden zur Verhinderung der Vergilbung von Polyacrylnitrilfaserstoffen während der thermischen Behandlung. Zesz. nauk Politechn. Łódźkiej (Wiss. H. Techn. Hochsch. Łódź) (1973) 164 Włókiennictwo (Textilind.) 25, S. 5–109.

Künstliche mineralische Faserstoffe

Wiedemann, G., Bobeth, W., Müller, U.: Phänomenologische Betrachtungen zum Schraubenlinieneffekt bei Glasseiden. Faserforsch. u. Textiltechnik **24** (1973) 10, S. 395–402.
Manfrè, G.: Rheologie der Reckzone beim Spinnen von Glas. Rheologica Acta, Darmstadt **12** (1973) 2, S. 349–356 (engl.).

III. Fäden-Herstellungstechnologien

Spinnerei. Zwirnerei

Mehrkomponentengarne nach der Bobtex-Spinntechnologie. Chemiefasern/Textil-Ind. **23/75** (1973) 10, S. 960, 962, 964.
Vlad, E., Vlad, I.: Untersuchungen hinsichtlich der Faserverteilung in Mischfäden. Ind. textilă, Bucureşti **24** (1973) 9, S. 525–531.
Grivčev, I., Christov, R., Kocev, N.: Ökonomisch-mathematisches Model. für die Zusammensetzung von optimalen Mischungen in der Wollspinnerei Tekstil. Prom., Sofija (Textil-Ind.) **22** (1973) 5, S. 213–215.

Spinnereivorbereitung

Anderson, C. A., Wood, G. F.: Oxydiertes Wollwachs in der Wollwäsche. J. Textile Inst. **64** (1973) 9, S. 546–547.
Artzt, P., Schreiber, O.: Bestimmung der Güte der Vorauflösung in Abhängigkeit der Speisung und der Vorreißerdrehzahl an Hochleistungskaraten bei Produktion oberhalb 30 kg/h. Melliand Textilber. internat. **54** (1973) 9, S. 885–888.

Spinnerei

Abhiraman, A. S., George, W.: Ein neuer Gesichtspunkt der stochastischen Natur des Kardierens. Textile Res. J. **43** (1973) 8, S. 452–467.
Stewart, R. G., Bratt, R. L., Story, L. F.: Der Einfluß der Packungsdichte auf das Sortieren und Verarbeiten von Crossbred-Wolle. Textile Inst. Ind. **11** (1973) 9, S. 244–246.
Rohlena, V.: Verarbeitung von Chemiefasern auf Elementen-Spinnmaschinen, Modell BD. Textiltechnik, Leipzig **23** (1973) 7, S. 410–414.
Danielowski, G.: Die Wirtschaftlichkeit des Open-End-Spinnens. Melliand Textilber. internat. **54** (1973) 9, S. 888–889.
Neue Entwicklungen von Spulen für die Textilindustrie. Chemiefasern/Textil-Ind. **23/75** (1973) 9, S. 860–862.

Erzeugnisse der Spinnerei und Zwirnerei

Wandel, M., Gutschik, E., Carl, W.: Probleme und Möglichkeiten moderner Teppichfasern. Internat. Textil-Bull., Zürich. Weltausgabe Weberei (1973) 9, S. 97–98, 103–104, 111–112, 117–118.
Copilu, V., Cojocaru, N., Berechet, E.: Vorausberechnung der Hauptkennwerte von Fäden aus Binärmischungen mit Hilfe statistischer Datenverarbeitung. Ind. textilă, Bucureşti **24** (1973) 9, S. 532–543.

Texturfäden

Offermann, P., Tausch-Marton, H., Pelzing, D.: Einbeziehung des Texturierens in den Wirk- und Strickvorgang. Wirk.- u. Strick.-Technik **23** (1973) 10, S. 690–696.
Neuer Aufwind für das Strecktexturieren. Maschinelle Neuentwicklung fordert Faser- und Textilhersteller heraus. Textilbetrieb **91** (1973) 7/8, S. 38–39.
Heberlein-Prognosen für texturierte Garne. Steigender Verbrauch für Bekleidungstextilien/mehr Strecktexturierung. Chemiefasern/Textil-Ind. **23/75** (1973) 9, S. 793.

IV. Flächengebilde-Herstellungstechnologien

Materialvorbereitung

Zawadzki, J.: Trockenschlichten von Webketten. Textiltechnik, Leipzig **23** (1973) 7, S. 415–417.
Wolf, H., Leitner, H.: Einsatz von Polyacrylat-Schlichten. Textil-Praxis internat. **28** (1973) 9, S. 500–503.
Automatisierung in der Vorbereitung von Webketten. Internat. Textil-Bull., Zürich. Weltausgabe Weberei (1973) 3, S. 213–214, 219–222, 227–228.

Weberei

Saraivanov, S., Gekova, P., Burlakova, T.: Möglichkeiten für die Optimierung des Fertigungsprogramms der Baumwollwebereien durch ökonomisch-mathematische Modellierung. Tekstil. Prom., Sofija (Textil-Ind.) **22** (1973) 5, S. 215–218.
Worthington, A. P.: Untersuchungen über Webfach-Fadenverhakungen und durch sie verursachte Kettfadenbrüche. J. Textile Inst. **64** (1973) 9, S. 503–508.
Lapsar: Herstellung von Glasfaserband auf schützenlosen Webmaschinen. Tekstil. Prom., Moskva (Textil-Ind.) **33** (1973) 7, S. 55.

Weberei-Technologie

Mamukelašvili, L. G., Mikeladze, A. V.: Kontinuierliche Schußspeisung der Webmaschinen STB. Tekstil. Prom., Moskva (Textil-Ind.) **33** (1973) 7, S. 43–44.
Meinig, J., Petzold, W.: Zur Erhöhung der Fädelsicherheit an Webautomaten mit Spulenwechselvorrichtung. Textiltechnik, Leipzig **23** (1973) 9, S. 566–571.

Wirkerei und Strickerei. Konfektion. Sonstige Technologien

Burnip, M. S.: Wirkwarentechnologie und neue Entwicklungen. III. Textile Inst. Ind. **11** (1973) 9, S. 233–235.

Wirkerei- und Strickerei-Technologie

„Response" und „Mini-Response" — ein Weg zum elektronischen Mustern in Rundstrickbetrieben jeder Größe. Wirk.- u. Strick.-Technik **23** (1973) 9, S. 603–606.
Preda, S.: Veränderung der Fadenspannung während der Maschenbildung bei der Rundstrickmaschine Patent „CARPATI". Ind. textilă, Bucureşti **24** (1973) 9, S. 548–552.
Rab, J.: Die optimale Anzahl von Stricksystemen auf Rundstrickmaschinen. Inform. Přehled. Výzkumný Úst. Pletařský, Brno (Inform.-Übers. Wirkerei-Inst.) (1973) 4, S. 19–32.

Erzeugnisse der Wirkerei und Strickerei

Malabon, R. W.: Viskosefasern in der Wirkerei. Textile Inst. Ind. **11** (1973 S. 240–242.
Wheatley, B.: Herstellung von Oberbekleidungsstoffen auf Kettenwirk- und Raschelmaschinen. Teil 11. Knitting Times **42** (1973) 9, S. 44–50.
Seidel, L. E.: Herstellung von kettengewirkter Oberkleidung. Teil 4. Textile Ind. **137** (1973) 5, S. 105–106.
Brehm, G.: Systemmischungen von texturierten Synthetics mit Fasergarnen auf Rundstrickautomaten. Textil-Praxis internat. **28** (1973) 8, S. 443–446.
Dill, P.: Elektronik in der Wirkerei/Strickerei – Konzeptionen der Fa. Morat für die moderne Musterbearbeitung. Hosiery Trade J. **80** (1973) 956, S. 65–69.
Šerman, P.-P., Veselova, L. P., Mordovina, R. S., Filippova, N. M., Simin, G. Ch.: Neue formbeständige gestrickte Flächengebilde für Anzüge. Tekstil. Prom., Moskva (Textil-Ind.) **33** (1973) 7, S. 45–48.
Deuschle, G.: Einteilige Strumpfhosen und Slips. Melliand Textilber. internat. **54** (1973) 9, S. 939–941.
Münch, E.: Herrenstrümpfe aus Mischungen von Chemie- und Naturfasern. Wirk.- u. Strick.-Technik **23** (1973) 10, S. 696–699.

Konfektion

Back, R. R. L.: Clothonomik — eine Untersuchung der Eigenschaften und Möglichkeiten von Maschenstoffen bei der Herstellung von Kleidungsstücken für Körperbehinderte. Teil I u. II. Hosiery Trade J. **80** (1973) 9, 955, S. 63–66; 956, S. 88–96.
Grünewald, K. H., Zöll, W.: Praxisnahe Methode zur Bestimmung der Ausbeulneigung von Textilien. Internat. Textil-Bull., Zürich. Weltausgabe Strickerei/Wirkerei (1973) 3, S. 253–255.

Textilverbundstoffe

Krčma, R., Samojlova, L. V.: Textilverbundstoffe aus Verflechtung von Endlosfasern und Bikomponentenfasern. Textil, Praha **28** (1973) 7, S. 255–259.
Krčma, R., Zástěra, S.: Beitrag zur Erläuterung des Einflusses der Struktur der Textilverbundstoffe und deren mechanische Eigenschaften. Textil, Praha **28** (1973) 7, S. 259–263.
Thomas, H. A.: Wegwerfartikel — ihre Kosten und Wünsche. Textile Manuf. **100** (1973) 1179, S. 24, 26, 29, 31, 32, 34.

Faserverbundstoffe. Vliesstoffe

Böttcher, P., Meyer, K.: Aktuelle Betrachtungen zur Terminologie der Vliesstoffe. Textiltechnik, Leipzig **23** (1973) 7, S. 421–425.
Ramatschi, Chr., Cervinka, M.: Naßvliesstoffe für wartungsfreie Artikel. Textiltechnik, Leipzig **23** (1973) 7, S. 426–428.
Bankert, R. D., Battistelli, E. A., Reddy, T. B.: Ein neues elektrochemisches Verfahren für die Herstellung von nichtgewebten Materialien. Textile Res. J. **43** (1973) 5, S. 247–253.

Fadenverbundstoffe

Gläser, J.: Einsatz der Malimo-Nähwirktechnik bei der Herstellung von Gardinen und Dekorationsstoffen. Textiltechnik, Leipzig **23** (1973) 8, S. 486–489.

Schichtstoffe

Davis, C.: Feine Teilung beim Tuften. Mod. Textiles Mag. **54** (1973) 6, S. 57, 58, 60, 62, 63.

Sonstige Technologien

Sticken über Prozeßrechner. VDI-Nachr. **27** (1973) 41, S. 11.

V. Textilveredlung

Kritische Betrachtung der Bauschgarnveredlungs-Methoden. Chemiefasern/Textil-Ind. **23/75** (1973) 9, S. 862–863.

Farbstoffe. Textilhilfsmittel

Urseanu, F., Vintilă, R., Nazarie, G.: Synthese eines neuen kationischen Farbstoffs für Polyacrylnitrilfaserstoff. Rev. Chimie, Bucureşti **24** (1973) 7, S. 517–518.
Odvárka, J.: Bewertung der Wasser-Mikrosuspensionen der Dispersionsfarbstoffe mit Hilfe der Fraktionsdruckfiltration. Textil. Praha **28** (1973) 7, S. 264–266.
Richter, E.: Die nichtionogenen Tenside und ihre Entwicklungstendenzen. Kolor. Ertesitö, Budapest (Kolor. Rdsch.) **15** (1973) 7/8, S. 192–197.
Simionescu, Cr., Rusan, V., Popa, V. I.: Einsatzgebiete der Alginsäure und ihrer Derivate. Celuloză şi Hirtie, Bucureşti (Cellulose u. Papier) **22** (1973) 7, S. 273–287.

Bleicherei. Sonstige Vorbehandlungsverfahren der Textilveredlung

Silver, L. A., Easton, B. K., Yelin, R. E.: Eine Neuentwicklung in der Vorbereitungstechnologie. Textile Chemist Colorist **5** (1973) 5, S. 23–28.
Enzymatische und enzymfreie Entschlichtung unter Berücksichtigung der kontinuierlichen und diskontinuierlichen Arbeitsweise. Textil-Praxis internat. **28** (1973) 8, S. 447.
Nossar, M. S., Chaikin, M., Datyner, A.: Ein möglicher Mechanismus der Schutzwirkung von Tensiden während des Carbonisierens. J. Textile Inst. **64** (1973) 9, S. 515–520.
Fischer, K.: Die oxydative Bleiche von Textilien aus hydrophilen, organischen Lösemitteln. Melliand Textilber. internat. **54** (1973) 9, S. 946–954.

Färberei

Quas, H.: Apparative Möglichkeiten für Kurzzeit-Färbetechniken. Textil-Praxis internat. **28** (1973) 9, S. 516–521.

Giles, Ch. H., McInstosh, A.: Einige quantitative Untersuchungen über die zwischenmolekulare Bindung zwischen aromatischen Sulfonaten und einfachen Kohlehydraten in Wasser und ihre Beziehung zum Cellulose-Färben. Textile Res. J. **43** (1973) 8, S. 489–492.

Der BurlVac-Schnellfärbeapparat. Chemiefasern/Textil-Ind. **23/75** (1973) 10, S. 1002.

Stepánek, O.: Beeinflussung der Hydrolyse von Reaktivfarbstoffen des Monochlor-s-Triazin-Typs durch Wärmebehandlungen bei Kontinue-Färbeverfahren. Textil-Praxis internat. **28** (1973) 8, S. 472–474; 9, S. 512–516.

Minaeva, T. M., Julina, L. S.: Färben von Kaprongeweben mit Dispersionsfarbstoffen. Tekstil. Prom., Moskva (Textil-Ind.) **33** (1973) 7, S. 62–64.

Siepmann, E., Rudolph, W.: Einbad-Einstufen-Färbeverfahren für Mischungen aus Polyacrylnitril/Wolle und Polyester/Wolle. Textil-Praxis Internat. **28** (1973) 9, S. 525–528.

Druckerei

Verbesserung der Konturenschärfe im Rotationsschablonendruck. Textilbetrieb **91** (1973) 7/8, S. 45–47.

Akiyama, J.: Verdickungen und Hilfsmittel für den Filmdruck auf Synthesefaserstoffen. Japan Textile News (1973) 220, S. 69–74.

Krupskij, V. V., Aristov, I. E., Babaev, M. S.: Dämpfen von Textil-Galanterieerzeugnissen auf periodisch arbeitenden Vorrichtungen. Tekstil. Prom., Moskva (Textil-Ind.) **33** (1973) 7, S. 58–60.

Ausrüstung. Trocknung

Riedel, D.: Rentabilität beim Dekatieren. Textil-Praxis internat. **28** (1973) 9, S. 509–512.

Blankenburg, G., Philippen, H., Spiegelmacher, P.: Untersuchungen zum Walkvermögen von Wolle. Teil III. Einfluß des Karbonisierens auf das Filz- und Walkvermögen der Wolle. Melliand Textilber. internat. **54** (1973) 9, S. 957–959.

Seidel, M.: Einflußfaktoren auf die Hochveredlung. Textilveredlung, Weinfelden/Schweiz **8** (1973) 9, S. 456–460.

Shukla, V. A., Shroff, J. J., Srivastava, H. C.: Einfluß benachbarter Gruppen auf die Methylolierung von Säureamiden. Textile Res. J. **43** (1973) 5, S. 300–305.

Zdol'nikova, G. V., Vlasov, P. V., Rjabčikova, G. G., Glazunov, P. Ja., Spicyn, V. I.: Modifizierung der Eigenschaften von Halbwollgewebe durch strahlungsinitiierte Pfropfung von Polystyrol. Dokl. Akad. Nauk SSSR (Ber. Akad. Wiss. UdSSR) **212** (1973) 3, S. 679–681.

Bobeth, W., Heger, A., Päßler, H., Orechov, V. D., Gomozova, R. P., Korableva, E. V., Pismannik, K. D.: Die Anwendung von Elektronenbeschleunigern für die Modifizierung textiler Materialien. Faserforsch. u. Textiltechnik **24** (1973) 10, S. 412–417.

van der Smissen, G.: No static – Ein neues Verfahren zur permanent-antistatischen Ausrüstung von Synthetics. Chemiefasern/Textil-Ind. **23/75** (1973) 9, S. 844–845.

Glubiš, P. A., Derbaremdiker, P. Z.: Siliciumorganische Präparate für die Hydrophobausrüstung von halbwollenen Mantelgeweben. Tekstil. Prom., Moskva (Textil-Ind.) **33** (1973) 7, S. 61–62.

Körtje, W.: Zum Problem der Formstabilität und Maßhaltigkeit von Teppichböden. Textilbetrieb **91** (1973) 9, S. 57–59 (dt., engl.).

Wäscherei. Chemische Reinigung

Viertel, O.: Waschen und Fertigstellen von Flachwäsche und Schutzkleidung aus Polyester/Baumwoll-Mischgespinstgeweben. Chemiefasern/Textil-Ind. **23/75** (1973) 8, S. 738–740; 10, S. 1006–1008.

Sayle, J. H.: Die Flächenstabilisierung von Geweben. Stoffe sollen nicht einlaufen. Textilbetrieb **91** (1973) 7/8, S. 50–51.

Matzner, E. A., Crutchfield, M. M., Langguth, R. P., Swisher, R. D.: Organische Aufbausalze als Ersatz für Natriumtripolyphosphat. II. Tenside, München **10** (1973) 5, S. 239–245 (engl.).

Einfluß der Ausrüstung von Mischgeweben auf die Schmutzentfernung und Vergrauung. Reiniger + Wäscher **26** (1973) 7, S. 28.

Baumann, H., Oschatz, S., Scholz, E.: Neues Verfahren zum Reinigen und Auffärben von Rauhlederbekleidung. II. u. III. Textilreinigung **20** (1973) 9, S. 267–270; 10, S. 299–300.

VI. Werkstoffprüfung. Meß- und Prüftechnik. Standardisierung

Blankenburg, G., Philippen, H.: Automatisierungsmöglichkeiten der Faserfeinheitsbestimmung mit einem Mikrobild-Analysator. Textil-Praxis internat. **28** (1973) 8, S. 453–456.

Eigenschaften und Fehler der Textilmaterialien u. a.

Arons, G. N., Macnair, R. N., Erickson, R. L.: Sorptionseigenschaften aktivierter Kohlenstoff-Gewebe. Textile Res. J. **43** (1973) 9, S. 539–543.

Morton, M. I.: Festigkeitsverhalten von bestrahltem Polyamid unterhalb der Bruchgrenze. Teil II. Mit Gammastrahlen bestrahltes Polyamid. Textile Res. J. **43** (1973) 8, S. 433–437.

Raes, G., Fransen, T., Verschraege, L.: Auswertung der Baumwollfaserreaktion auf chemische Behandlung. Teil V. Einfluß von Art und Anbaugebiet. Ann. sci. textiles belges **21** (1973) 2, S. 179–189.

Keszthely, A., Obrán, S., Wolköber, Z.: Untersuchung der Beständigkeit von Polyamidfaserstoffen gegen Thermooxydation. Kolor. Értesitö, Budapest (Kolor. Rdsch.) **15** (1973) 7/8, S. 205–215.

Grzebieniak, K.: Moderne Beurteilungsmethoden der Brennbarkeit von Plasten und Textilerzeugnissen. Polimery, Warszawa **18** (1973) 7, S. 336–340.

Nestler, R., Kautz, J.: Drehungszahländerung von Nähfäden beim Verarbeiten. Faserforsch. u. Textiltechnik **24** (1973) 10, S. 418–422.

Carrié, C.: Hautverträglichkeiten. Reiniger + Wäscher **26** (1973) 9, S. 21–24.

Wiedemann, G., Renner, U., Müller, W.: Über das Alterungsverhalten glasseidenverstärkter Polymerwerkstoffe. Teil 1. Auswirkung von Alterungsprozessen auf die Biege-, Zug- und Druckfestigkeitseigenschaften. Faserforsch. u. Textiltechnik **24** (1973) 10, S. 403–412.

Meß- und Prüftechnik

Ring, W.: Probleme bei der Messung von Fadenzugkräften. Wirk.- u. Strick.-Technik **23** (1973) 10, S. 703–704.

Lock, L. M., Frank, G. C., Stevens, J. R.: Untersuchung einiger Faktoren, die den Lichtabbau textiler Garne beeinflussen. Teil I. Die Spektralverteilung von Sonnen- und Xenonlampen-Licht. Textile Res. J. **43** (1973) 8, S. 483–488.

Anton, A.: Einige Bemerkungen zur Bestimmung des Verhaltens von Fasern durch thermische und spektroskopische Methoden. Textile Res. J. **43** (1973) 9, S. 524–527.

Marasanova, V. A., Saldadze, K. M., Nefedova, G. Z., Koževnikova, N. E.: Prüfverfahren für semipermeable Membranen aus Celluloseacetat. Plast. Massy, Moskva (Plast. Massen) (1973) 9, S. 73–75.

Cheng, C. C., Duckett, K. E.: Der Einfluß der Faserbehandlung auf den Koeffizienten des Energie-Verlustes. Textile Res. J. **43** (1973) 9, S. 527–532.

Zeronian, S. H., Miller, B. A. E.: Wie Licht harzbehandelte Baumwollgewebe beeinflußt. Textile Chemist Colorist **5** (1973) 5, S. 33–37.

Markezich, A. R., Smith, M. M., Allen, H. A., Tallant, J. D.: Der Vertikal-streifen-Knittererholungstest: Fehler, ihre Ursachen und Verminderung. Textile Chemist Colorist **5** (1973) 5, S. 29–32.

Chwastiak, S.: Eine Dochtmethode zur Bestimmung der Benetzungseigenschaften von Kohlenstoffgarnen. J. colloid interface Sci. **42** (1973) 2, S. 298–309.

Kardanov, K., Selenev, V. (Schreibw. i. Orig.: *Kardanow, K., Selenew, W.*): Untersuchung der mechanischen Relaxationseigenschaften von amorphen Polymeren im hochelastischen physikalischen Zustand. Plaste u. Kautschuk **20** (1973) 9, S. 659–667.

Nossar, M. S., Edenborough, B. W.: Messung der Konzentrationen von nichtionischen Tensiden in Flüssigkeiten zum Carbonisieren von Wolle. Textile Inst. Ind. **11** (1973) 9, S. 238–239.

Dutta, B., Grosberg, P.: Die dynamische Rückwirkung der Verzugsspannung auf sinusförmige Änderungen des Verzugsverhältnisses unter den Bedingungen der Bandelastizität während des Verzuges kurzer Fasern. J. Textile Inst. **64** (1973) 9, S. 534–540.

Dutta, B., Grosberg, P.: Praktische Beschränkung auf die Rückkoppelungskontrolle von Verzugswalzen-Systemen. J. Textile Inst. **64** (1973) 9, S. 541–542.

Müller, S., Häfer, M.: Schaumkissenmethode zur Erfassung des Feuchtetransports an Bekleidungserzeugnissen. Textiltechnik, Leipzig **23** (1973) 9, S. 580, 582–583, 586–587, 589–590.

Rounds, M. A. J., Purchase, M. E., Smith, B. F.: Die Zurückhaltung von fettigem Schmutz und der Einfluß von Schmutzpartikeln und Fett auf das Vergilben eines nicht ausgerüsteten Dacron/Baumwolle-Mischgewebes. Textile Res. J. **43** (1973) 9, S. 517–523.

VII. Betriebstechnik. Ökonomie. Tagungsberichte und dgl.. Sonderfragen

Betriebstechnik

Bender, U.: Der Einfluß der elektronischen Datenverarbeitung (EDV) auf Führungsinstanzen und Führungsstil. Textil-Praxis internat. **28** (1973) 8, S. 474–476.

Zäev, V., Melamed, A.: Komplexe Mechanisierung und Automatisierung in einer Baumwollspinnerei mit Weberei. Textiltechnik, Leipzig **23** (1973) 9, S. 538–540.

Šmidt, L. I.: Entfernung von Kolloidteilchen aus den bei der Suspensionspolymerisation von Polystyrol anfallenden Abwässern. Ž. prikl. Chimii (Z. angew. Chemie) **46** (1973) 8, S. 1763–1766.

Gresens, H.: Umweltschutz – Abluftreinigung in der Textilveredlung. Textil-Praxis internat. **28** (1973) 9, S. 508–509.

Ökonomie

Greissinger, H. F.: Neuere Erkenntnisse beim Rechnen mit Deckungsbeiträgen in der Weberei-Kalkulation. Melliand Textilber. internat. **54** (1973) 9, S. 897–899.

Banke, K.-H.: Die sozialistische ökonomische Integration im Bereich der Textilindustrie der Mitgliedsländer des RGW. Textiltechnik, Leipzig **23** (1973) 8, S. 467–471.

Haase, H., Koschlitzki, R.: Diversifikation als Instrument zur Zukunftssicherung von Textilunternehmen. Chemiefasern/Textil-Ind. **23/75** (1973) 9, S. 798.

Kretschmer, A.: Rationalisierungsschwerpunkte im Produktionsablauf eines Veredlungsbetriebes. Chemiefasern/Textil-Ind. **23/75** (1973) 10, S. 998, 1000–1001.

Berneiser, R., Wondrak, W.: Erhöhung der Leistung und der Arbeitsproduktivität durch Anwendung neuer Technologien und Organisationsformen. VII. u. VIII. Textilreinigung **20** (1973) 9, S. 278–280; 10, S. 301–303.

Überblick über die Chemiefaserindustrie der Welt. Textile Organon **44** (1973) 6, S. 65–66, 70–96.

Ausgewählte monatliche Daten der Textilindustrie. Textile Organon **44** (1973) 6, S. 67–69.

Produktion von gewebten Flächengebilden. Textile Organon **44** (1973) 7, S. 98–99.

Produktion von breitgewebten Flächengebilden und Reifencord. Textile Organon **44** (1973) 5, S. 58–63.

Strumpfwarenproduktion in den USA. Textile Organon **44** (1973) 7, S. 104–109.

Jovanovič, M.: Baumwollproduktion in der VR China, Lage der Textilindustrie und immer stärkere Orientierung auf Chemiefaserstoffe. Hemijska Vlakna, Loznica/Jugoslaw. (Chem. Fasern) **12** (1972) 3/4, S. 8–13.

Paul, P.: Entwicklung der Produktion von Polyurethanen in der VR Polen. Polimery, Warszawa **18** (1973) 6, S. 273–274.

Exporte an nichtproduzierende Länder. Textile Organon **44** (1973) 7, S. 103–104.

Sonderfragen

Beh, F.: Leitfaden der textilen Fertigung. Die Garnherstellung. Textil-Praxis internat. **28** (1973) 8, S. 433–434; 9, S. 485–487.

Valk, G.: Übertragbarkeit wissenschaftlicher Erkenntnisse auf die Praxis. Textil-Praxis internat. **28** (1973) 8, S. 459–460.

Krupp, R., Meyer, R.: Einzelheiten der Daten- und Programmorganisation der textilwirtschaftlichen Datenbank. Wirk.- u. Strick.-Technik **23** (1973) 10, S. 685–689.

Böhm, R.: Mischgewebe 65/35 (PE/Bw) im Krankenhaus. Reiniger + Wäscher **26** (1973) 7, S. 38–39.

FSC
www.fsc.org
MIX
Papier | Fördert gute Waldnutzung
FSC® C083411

Zeitfracht Medien GmbH
Ferdinand-Jühlke-Straße 7
99095 Erfurt, Deutschland
produktsicherheit@kolibri360.de